3D 技术培训教材

逆向设计与3D打印

◎ 全国3D大赛(全国三维数字化创新设计大赛)组委会 组织编写

◎ 陈丽华 主编 ◎ 路春玲 肖国栋 副主编

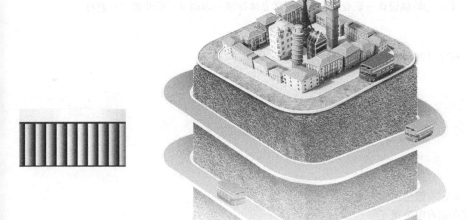

电子工业出版社

Publishing House of Electronics Industry

北京·BEIJING

内 容 简 介

本书编者结合多年从事逆向造型教学、培训与工程实践应用经验，以及指导学生参加全国技能大赛三维数字化设计与制造和3D大赛经验，以逆向设计和打印设计一般流程为载体，根据3D大赛逆向设计与3D打印竞赛规则，将内容分解成不同的工作任务。通过工作任务详细阐述逆向设计及3D打印的一般流程，从三维扫描仪的安装、调试到扫描数据的采集、扫描数据的处理及CAD模型重构；模型构成后，通过PDM、SLA、SLS等3D打印技术打印模型。本书以标准块、铣刀片等案例逆向为载体，在做中学，在学中做，注重解题思路和分析方法，每个项目由任务引入、任务分析、任务实施及相关知识构成，按照逆向与3D打印一般流程进行操作，操作步骤详细，读者可以按照操作步骤完成实践操作。

本书可作为高等职业技术院校相关专业的学生教材，也适合作为工程技术人员和高等院校学生的自学教程。

图书在版编目（CIP）数据

逆向设计与3D打印/陈丽华主编. —北京：电子工业出版社，2017.9
3D技术培训教材
ISBN 978-7-121-31877-1

Ⅰ. ①逆… Ⅱ. ①陈… Ⅲ. ①机械设计－职业教育－教材②立体印刷－印刷术－职业教育－教材
Ⅳ. ①TH122②TS853

中国版本图书馆 CIP 数据核字（2017）第 127938 号

策划编辑：牛平月
责任编辑：桑　昀
印　　刷：北京捷迅佳彩印刷有限公司
装　　订：北京捷迅佳彩印刷有限公司
出版发行：电子工业出版社
　　　　　北京市海淀区万寿路 173 信箱　邮编　100036
开　　本：787×1 092　1/16　印张：17.75　字数：458 千字
版　　次：2017 年 9 月第 1 版
印　　次：2025 年 1 月第 11 次印刷
定　　价：48.00 元

PREFACE 前言

《工业转型升级规划（2011—2015 年）》明确提出："坚持把推进'两化'深度融合作为转型升级的重要支撑。充分发挥信息化在转型升级中的支撑和牵引作用，深化信息技术集成应用，促进'生产型制造'向'服务型制造'转变，加快推动制造业向数字化、网络化、智能化、服务化转变。"

三维数字化技术是促进产业升级和创新驱动的推动力，已成为开启和引领全球"第三次工业革命""工业 4.0""工业互联网"变革的竞争焦点。3D 引领新兴战略产业，支撑产业转型升级，践行创新型国家建设。

本书以 3D 打印与逆向工程为背景，将三维测量、三维设计及产品优化、再设计、创新设计整合为一体，培养学生组织管理、先进设备操作、团队协作、现场问题的分析与处理、工作效率、创新思想等职业素养；推广三维先进工具的应用与普及，提升三维应用技术的创新设计与制造能力，培养具有创新精神的 3D 人才。

本书由常州机电职业技术学院陈丽华担任主编，常州机电职业技术学院路春玲、天津微深科技有限公司肖国栋担任副主编，南京双庚科技有限公司贡森、天津微深科技有限公司张淼、常州机电职业技术学院庞雨花等同志参编。在本书的编写过程中，得到本院计辅专业石祥东、李辉、王帅等各级学生及昆山市奇迹三维科技有限公司贺琦、宋佳成、周保根等同志的大力支持和帮助，在此表示衷心感谢！

由于水平有限，书中难免有错误和不当之处，恳请读者批评指正。

编　者

CONTENTS 目录

项目 1

3D 打印概述

 **项目简介**

　　3D 打印技术，这个名称是近年来针对民用市场而出现的一个新词。其实在专业领域，它有另外一个名称——快速成型技术，快速成型技术又称快速原型制造（Rapid Prototyping Manufacturing，RPM）技术。

　　2012 年 3 月 9 日，奥巴马宣布了重振美国制造业计划——再工业化；同年 4 月 17 日选择了第一个技术——3D 打印，8 月 16 日美国成立了国家增材制造创新研究院后，"3D 打印"已经成为最流行的科技词汇之一。据 Wohlers 报告显示，全球 3D 打印行业正以年均增长率 30%的速度迎来爆发式增长，到 2016 年全球 3D 打印增材制造市场规模超 70 亿美元，2018 年将达到 125 亿美元。2014 年 3D 打印板块是华尔街最热门的板块之一，《时代》周刊将 3D 打印产业列为"美国十大增长最快的工业"之一。

任务 1.1　了解 3D 打印概念

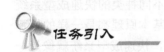 **任务引入**

　　"3D 打印"掀起新一轮的制造业革命，改写整个世界的制造业前景。我国作为制造业大国，转型升级压力突显，各种成本的增加，迫使我们去寻求能够帮助我们打造"制造强国""设计创新"的有效途径与工具，想要重振制造业，让实体经济回归，就需要把握前沿技术。因此，我们需要了解 3D 打印技术。

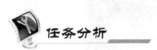 **任务分析**

　　一般认为 3D 打印技术诞生于 20 世纪 80 年代后期，是基于材料堆积法的一种高新制造技术，被认为是近 30 年来制造领域的一个重大成果。本任务就是了解 3D 打印的一般概念和技术，要求通过网络检索 3D 打印的相关技术及报道，并写出有关 3D 打印的综述。

任务实施

通过网络可以检索到 3D 打印的一些知识。

1. 3D 打印概念

3D 打印技术，被称为增材制造（Additive Manufacturing）或直接数字化制造（Direct Digital Manufacturing）；其在专业领域另有一个名称为"快速成型技术"。快速成型技术又称快速原型制造（Rapid Prototyping Manufacturing，RPM）技术，诞生于 20 世纪 80 年代后期，是基于材料堆积法的一种高新制造技术，被认为是近 30 年来制造领域的一个重大成果。其实质是利用三维 CAD 数据，通过快速成型机，将一层层的材料堆积成实体原型。它与普通打印工作原理基本相同，打印机内装有液体或粉末等"打印材料"，与计算机连接后，通过计算机控制把"打印材料"一层层叠加起来，最终把计算机上的蓝图变成实物；演变至今，3D 打印成了所有快速成型（Rapid Prototyping）技术的通俗叫法。

3D 打印集机械工程、CAD、逆向工程技术、分层制造技术、数控技术、材料科学、激光技术于一身，可以自动、直接、快速、精确地将设计思想转变为具有一定功能的原型或直接制造零件，从而为零件原型制作、新设计思想的校验等方面提供了一种高效低成本的实现手段。它将信息、材料、生物、控制、融合渗透等各种技术融合在一起，对未来制造业生产模式与人类生活方式产生重要的影响。

2. 3D 打印制造与传统制造区别

传统的机械加工方法是"减材制造"，如图 1-1-1 所示，在毛坯的基础上，用车、铣、刨、磨等方法去除材料，制造零件；或者是"等材制造"，采用锻造或铸造方法改变坯料制造零件。与传统切削加工方法不同，3D 打印技术是在现代 CAD/CAM 技术、激光技术、计算机数控技术、精密伺服驱动技术以及新材料技术的基础上集成发展起来的。不同种类的快速成型系统因所用成型材料不同，成型原理和系统特点也各有不同。但是，其基本原理都是一样的，那就是"分层制造，逐层叠加"，类似于数学上的积分过程。形象地讲，快速成型系统就像是一台"立体打印机"，因此得名"3D 打印机"。

图 1-1-1　传统制造加工过程

首先，分层软件按一定的层厚对零件的 CAD 几何模型进行"切片"操作，得到一系列的各层截面的轮廓信息，快速成型机的成型头按照这些二维轮廓信息在控制系统的控制下，每次制作一层具有一定微小厚度和特定形状的截面，经一层层选择性地烧结、固熔堆砌或切割后形成多个截面薄层，并自动叠加成三维实体，其制造过程如图 1-1-2 所示。

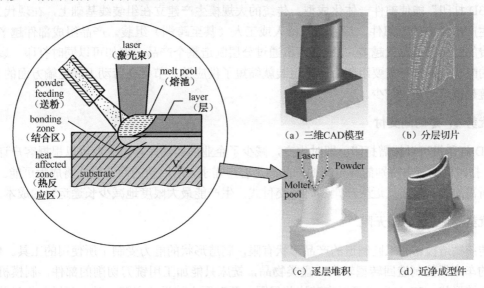

图 1-1-2　3D 打印制造加工过程

3D 打印技术优缺点

3D 打印参照的是打印技术原理，能够将计算机设计出的物体直接打印出实物。3D 打印降低了设计与制造的复杂度，能够制造出传统方式无法加工的奇异结构，拓展了设计人员的想象空间。该技术将对航空航天、汽车、医疗和消费电子产品等核心产业的革新有巨大的推动作用。

3D 打印的优势是帮助各行各业减少成本、时间和复杂性。

优势 1：制造复杂物品不增加成本

就传统制造而言，物体形状越复杂，制造成本越高。对 3D 打印机而言，制造形状复杂的物品成本不增加，制造一个华丽的形状复杂的物品并不比打印一个简单的方块消耗更多的时间、技能或成本。制造复杂物品而不增加成本将打破传统的定价模式，并改变我们计算制造成本的方式。

优势 2：产品多样化不增加成本

一台 3D 打印机可以打印许多形状，它可以像工匠一样每次都做出不同形状的物品。传统的制造设备功能较少，做出的形状种类有限。"3D 打印"省去了培训机械师或购置新设备的成本，一台 3D 打印机只需要不同的数字设计蓝图和一批新的原材料就可以完成产品或零件的制造，不需要增加新设备。

优势 3：无须组装

"3D 打印"能使部件一体化成型。传统的大规模生产建立在组装线基础上，在现代工厂，机器生产出相应的零部件，然后由机器人或工人（甚至跨洲）组装。产品组成部件越多，组装耗费的时间和成本就越多。3D 打印机通过分层制造整个产品，例如可以同时打印一扇门及上面的配套铰链，不需要组装。省略组装就缩短了供应链，节省在劳动力和运输方面的花费。供应链越短，污染也越少。

优势 4：零时间交付

3D 打印机可以按需打印。即时生产，减少了企业的实物库存，企业可以根据客户订单使用 3D 打印机制造出特别的或定制的产品满足客户需求，所以新的商业模式将成为可能。如果人们所需的物品按需就近生产，零时间交付式，生产能最大限度地减少长途运输的成本。

优势 5：设计空间无限

传统制造技术和工匠制造的产品形状有限，制造形状的能力受制于所使用的工具。例如，传统的车床只能制造回转型轴类、盘类物品，铣床只能加工用铣刀切削的部件，制模机仅能制造模铸形状。3D 打印机可以突破这些局限，开辟巨大的设计空间，甚至可以制作目前可能只存在于自然界的形状。

优势 6：零技能制造

传统工匠需要当几年学徒才能掌握所需要的技能。批量生产和计算机控制的制造机器降低了对技能的要求，然而传统的制造机器仍然需要熟练的专业人员进行机器调整和校准。3D 打印机从设计文件里获得各种指示，做同样复杂的物品，3D 打印机所需要的操作技能比机加工少。非技能制造开辟了新的商业模式，并能在远程环境或极端情况下为人们提供新的生产方式。

优势 7：不占空间、便携制造

就单位生产空间而言，与传统制造机器相比，3D 打印机的制造能力更强。例如，机加工只能制造比自身小很多的物品，与此相反，只要 3D 打印机调试好后，打印设备可以自由移动，打印机可以制造比自身还要大的物品。较高的单位空间生产能力使得 3D 打印机适合家用或办公使用，因为它们所需的物理空间小。

缺点 1：精度上的偏差

"3D 打印"是材质一层层堆积形成的，每一层都有厚度，由于分层制造存在"台阶效应"，每个层次虽然很薄，但在一定微观尺度下，仍会形成具有一定厚度的一级级"台阶"，如果需要制造的对象表面是曲面，那么就会造成精度上的偏差，这决定了它的精度难以企及传统的剪裁制造方法。

缺点 2：材料的局限性

目前供 3D 打印机使用的材料非常有限，无外乎石膏、无机粉料、光敏树脂、塑料金属等。能够应用于 3D 打印的材料还非常单一，以塑料为主，并且打印机对单一材料也非常挑剔，一般一台 3D 打印机只适用一类材料，例如，有的 3D 打印机只能打印特定的巧克力，并不是所有巧克力材料都可以打印。

任务 1.2　了解 3D 打印主要技术工艺与特点

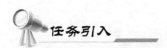

3D 打印技术的基本原理是：将计算机内的三维数据模型进行分层切片得到各层截面的轮廓数据，计算机据此信息控制激光器（或喷嘴）有选择性地烧结一层接一层的粉末材料（或固化一层又一层的液态光敏树脂，或切割一层又一层的片状材料，或喷射一层又一层的热熔材料或黏合剂）形成一系列具有一个微小厚度的片状实体，再采用熔结、聚合、黏结等手段使其逐层堆积成一体，便可以制造出所设计的新产品样件、模型或模具。自美国 3D Systems 公司 1988 年推出第一台商用快速成型机商品 SLA-1 以来，已经有十几种不同的成型系统，其中比较成熟的有 FDM、SLA、SLS、3DP、LOM 等方法。各种 3D 打印技术工艺不同，特点也不同。

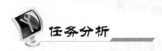

想要了解 FDM、SLS、SLA、LOM、3DP 等技术的工艺及其特点，我们先要了解各技术概念，了解其发展历史，进而熟悉其成型的原理，该技术成型所用材料、应用范围，再比较其优缺点。下面我们对各项技术进行熟悉和比较，最后总结。

1.2.1　FDM 技术

1. FDM 技术概念

FDM 的全称是 Fused Deposition Modeling，即熔融沉积法，别称为熔丝沉积，是一种不依靠激光作为成型能源，而将各种丝材（如工程塑料 ABS、PLA、聚碳酸酯 PC 等）加热熔化进而堆积成型的方法，如图 1-2-1 所示。

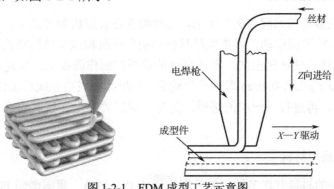

图 1-2-1　FDM 成型工艺示意图

2. FDM 技术的历史简介

FDM 技术是美国学者 Scott Crump 在 1988 年研究出来的。1990 年，美国 Stratasys 公司率先推出了基于 FDM 技术的快速成型机，并很快发布了基于 FDM 的 Dimension 系列 3D 打印机。FDM 常见的代表设备机型有 XYZ 直角坐标机型（如图 1-2-2 所示）及并联臂机型（如图 1-2-3 所示）。此外，还有采用极坐标的舵机型等。

图 1-2-2　XYZ 直角坐标机型

图 1-2-3　并联臂机型

FDM 技术工艺成型样件如图 1-2-4 所示。

图 1-2-4　FDM 技术工艺成型样件

3. FDM 技术的成型原理

FDM 技术的成型原理如同 1-2-5 所示，加热喷头在计算机的控制下，根据产品零件的截面轮廓信息，作 X-Y 平面运动，热塑性丝状材料由供丝机构送至热熔喷头，并在喷头中加热和熔化成半液态，然后被挤压出来，有选择性的涂覆在制作面板上，快速冷却，然后根据切片层厚，形成一层大约 0.05-0.4mm 厚的薄片轮廓，一层截面成型完成后工作台下降一定高度，或喷头提高一层厚，再进行下一层的熔覆，好像一层层"画出"截面轮廓，如此循环，最终形成三维产品零件。

4. FDM 技术所用材料

FDM 技术所用的材料有许多种，如工程塑料 ABS、PLA、聚碳酸酯 PC、工程塑料 PPSF

以及 ABS 与 PC 的混合料等。同时，还有专门开发的针对医用的材料 ABS-i。如图 1-2-6 所示为 PLA 材料。

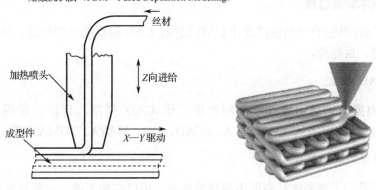

图 1-2-5　FDM 技术的成型原理图

图 1-2-6　PLA 材料

5. FDM 技术应用范围

FDM 技术现在主要用于新产品试制，制作概念模型，即结构复杂的装配原型件，或精度要求不高的创意产品。FDM 技术制造的模型，可以用于装配验证、销售展示、个性产品的制作等。

6. FDM 技术优缺点

1）优点

（1）设备构造原理和操作简单，维护成本低，系统运行安全。

（2）制造系统无毒气或化学物质污染，一次成型、易操作且不产生垃圾。

（3）可选用多种材料，材料性能好，ABS 强度可以达到注塑零件的 1/3。

（4）原材料利用率高，材料寿命长，以卷材形式提供，便于搬运和更换。

（5）支撑去除简单，不需要化学清洗，分离容易。

（6）可以成型任意复杂程度的零件。

2）缺点

（1）成型精度较低，成型件的表面有较明显的层堆积纹理。

（2）悬臂结构或斜度大于60°时，需要制作支撑结构。

（3）成型速度相对较慢。

7．FDM技术制造过程

FDM技术制造模型的过程包括设计CAD模型、CAD模型的近似处理、对STL文件进行分层处理、造型、后处理。

1）设计CAD模型

设计人员根据需求运用设计软件制作出三维CAD模型。目前，常用的设计软件有Pro/Engineering、SolidWorks、CATIA、AutoCAD、UG、MAYA、3DMAX等。

2）CAD模型的近似处理

这一步主要是为了清除产品表面不规则的曲面，所以在加工前一定要对其进行近似处理。目前国内采用的是美国3D system公司开发的STL文件格式，是用一系列相连的小三角平面来逼近曲面，得到STL格式的三维近似模型文件。目前设计软件基本都有这个功能。

3）对STL文件进行分层处理

因为快速成型都是一层一层打印的，所以在打印前，需要把模型转化为一层一层的层片模型，每层的厚度在0.05～0.4mm之间。

4）造型

FDM技术制造的模型造型包括支撑制作和实体制作。

（1）支撑制作。

在FDM技术制作模型的过程中，最重要的是支撑制作。因为一旦支撑没做好，就会导致制作的模型塌陷变形，影响模型的成型精度。同时，制作支撑还有一个重要的目的，就是建立基础层，即工作平台与模型之间的缓冲层，基础层有利于原型剥离平台，同时，还可以在制作过程中提供一个基准面。

（2）实体制作。

在支撑做好后，就可以一层一层、自下而上层层叠加打印出模型。

5）后处理

3D打印成型的后处理主要是对原型进行表面处理。去除支撑部分，对模型表面进行处理。但是，原型的部分复杂和细微结构的支撑很难去除，有时还会损坏原型。Stratasys公司开发的水溶性支撑材料，可以很好地去除支撑部分。

8．FDM技术的发展前景

FDM技术作为3D打印成型技术中的一种，其发展前景广泛。FDM技术因为其制作简单、成本低廉，所以，对于企业来说，可以节约成本开支；同时，FDM技术现主要用于制造概念模型，便于设计师直接观看，从而发现设计不足。因此，FDM技术将会在设计行业、制造业等行业大放异彩，发挥重要作用。

1.2.2 SLS 技术

1. SLS 技术概念

SLS 技术，全称为粉末材料选择性烧结（Selected Laser Sintering），是采用红外激光作为热源来烧结粉末材料，以逐层添加方式成型三维零件的一种快速成型方法。

2. SLS 技术的历史简介

SLS 分层制造技术是由美国得克萨斯大学奥斯汀分校的 C. R. Dechard 于 1989 年研制成功。目前德国 EOS 公司推出了自己的 SLS 工艺成型机 EOSINT，分为适用于金属、聚合物和砂型三种机型。我国的北京隆源自动成型系统有限公司和华中科技大学也相继开发出了商品化的设备。SLS 代表设备金属粉末 3D 打印机如图 1-2-7 所示，SLS 尼龙粉末 3D 打印机如图 1-2-8 所示。

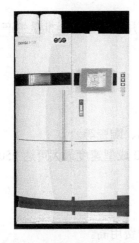

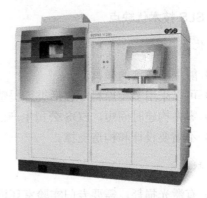

图 1-2-7　SLS 金属粉末 3D 打印机　　　　　图 1-2-8　SLS 尼龙粉末 3D 打印机

3. SLS 技术的成型原理

SLS 技术的成型原理是：在开始加工前，需要把充有氮气的工作室升温，并保持在粉末的熔点以下。成型时，送料桶上升，铺粉的滚筒移动，先在工作平台上铺一层粉末材料，然后激光束在计算机的控制下按照截面轮廓对实心部分所在的粉末进行烧结，使粉末熔化继而形成一层固体轮廓。第一层烧结完成后，工作台下降一截面层的高度，再铺上一层粉末，进行下一层烧结，如此循环往复，层层叠加，直到三维零件成型。最后，将未烧结的粉末回收到粉末缸中，并取出成型件。对于金属粉末激光烧结，在烧结之前，整个工作台被加热至一定温度，可减少成型中的热变形，并利于层与层之间的结合。SLS 技术的快速成型系统工作原理如图 1-2-9 所示，该工艺成型样件如图 1-2-10 所示。

4. SLS 技术所用耗材

SLS 技术目前可以使用的打印耗材有尼龙粉末、PS 粉末、PP 粉末、金属粉末、陶瓷粉末、树脂砂和覆膜砂。

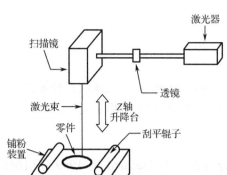

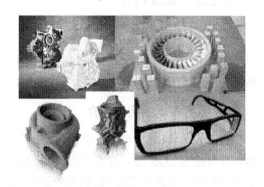

图 1-2-9　SLS 技术的快速成型系统工作原理图　　　　　图 1-2-10　SLS 工艺成型样件

5．SLS 技术应用范围

SLS 技术不仅可以运用于快速模型的制造，而且还可用于产品的小批量生产。

6．SLS 技术优缺点

1）优点

（1）能生产较硬的模具。

（2）可以采用多种原料，包括类工程塑料、蜡、金属、陶瓷等。

（3）零件构建时间短，EOS 公司生产的 EOSINT S750 成型速度最大可达 $2500cm^3/h$。

（4）不需要设计和构造支撑。

2）缺点

（1）有激光损耗，需要专门实验室环境，使用及维护费用高。

（2）需要预热和冷却，后处理麻烦。

（3）成型表面受粉末颗粒大小及激光光斑的限制。

（4）加工室需要不断充氮气，加工成本高。

（5）成型过程产生有毒气体和粉尘，污染环境。

7．SLS 技术制造过程

SLS 工艺因为材料不同，具体的烧结工艺也是不同的。

1）高分子粉末材料烧结工艺

以高分子粉末材料为例，此材料的烧结工艺过程可以分为前处理、粉层激光烧结叠加和后处理 3 个阶段。

（1）前处理主要是利用设计软件设计出三维 CAD 造型，将 STL 数据转换后输入到粉末激光烧结快速成型系统中。

（2）第二阶段就是粉层激光烧结叠加：设备根据原型的结构特点，设定具体的制造参数，设备自动完成原型的逐层粉末烧结叠加过程。当所有叠层自动烧结叠加完成之后就需要把制造的原型在成型缸中冷却至40℃以下，把原型捞出进行后期处理。

（3）后处理：因为制造出的模型强度很弱，所以在整个后期处理过程中需要进行渗蜡或者渗树脂补强处理。

2）金属零件间接烧结工艺

金属零件间接烧结工艺分为3个阶段：SLS原型件的制作、粉末烧结件的制作、金属熔渗后处理。

（1）SLS原型件的制作包括CAD建模、分层切片、激光烧结、原型。此阶段的关键在于，如何选用合理的粉末配比和加工工艺参数实现原型件的制作。

（2）粉末烧结件的制作又称"褐件"制作，此阶段过程为二次烧结（800℃）至三次烧结（1080℃），此阶段的关键在于，烧制原型件中的有机物质获得具有相对准确形状和强度的金属结构体。

（3）金属熔渗阶段过程为：二次烧结（800℃）→三次烧结（1080℃）→金属熔渗→金属件。此阶段的关键在于，选用合适的熔渗材料及工艺，以获得较致密的金属零件。

3）金属零件直接烧结制造工艺

SLS工艺的金属零件直接制造工艺流程为：CAD模型→分层切片→激光烧结（SLS）→RP原型零件→金属件。

4）SLS工艺中影响模型精度的因素

在利用SLS工艺制造原型件的过程中，容易影响原型件精度的因素有很多，比如SLS设备精度误差、CAD模型切片误差、扫描方式、粉末颗粒、环境温度、激光功率、扫描速度、扫描间距、单层厚度等。其中烧结工艺参数对精度和强度的影响是很大的。另外，预热不均也会导致原型件精度变差。

（1）激光功率：随着激光功率的增加，尺寸误差正方向增大，并且厚度方向的增大趋势要比宽度方向的尺寸误差大。

（2）扫描速度：当扫描速度增大时，尺寸误差向负向误差方向减小，强度减小。

（3）扫描间距：随着扫描间距的增大，尺寸误差向负差方向减小。

（4）单层厚度：随着单层厚度的增加，强度减小，尺寸误差向负差方向减小。

8. SLS技术的发展前景

SLS工艺自发明以来，十几年的时间里，在各个行业得到了快速的发展，其主要是用于快速制造模型，利用制造出来的模型进行测试，以提高产品的性能，同时，SLS技术还用于制作比较复杂的零件。虽然，SLS技术得到了一些行业广泛的应用，但在未来发展中，SLS技术还应该加强成型工艺和设备的开发与改进，寻找更有利SLS技术的新材料、研究SLS技术制造模型的新手段以及SLS技术的后处理工艺的优化。随着SLS技术的发展，新的工艺以及材料的发现，会对未来的制造业产生巨大的推动作用。

1.2.3 SLA 技术

1．SLA 技术概念

SLA 技术，全称为立体光固化成型法（Stereo Lithography Appearance），具有线成型和面成型两种工艺。线成型工艺用特定波长与强度的激光聚焦到光固化材料表面，使之由点到线，由线到面顺序凝固，完成一个层面的绘图作业，然后升降台在垂直方向移动一个层面的高度，再固化另一个层面，这样层层叠加构成一个三维实体。面成型工艺用特定波长与强度的激光聚焦到光固化材料表面，直接形成截面凝固光固化材料，完成一个层面的绘图作业，速度较快。

SLA 技术主要用于制造多种模具、模型等；还可以在原料中通过加入其他成分，用 SLA 原型模代替熔模精密铸造中的蜡模。SLA 技术成型速度较快，精度较高，但由于树脂固化过程中产生收缩，不可避免地会产生应力或引起形变。因此开发收缩小、固化快、强度高的光敏材料是其发展趋势。

2．SLA 技术的历史简介

早期的光固化形式是利用光能的化学和热作用可使液态树脂材料产生变化的原理，对液态树脂进行有选择的光固化，就可以在不接触的情况下制造所需的三维实体模型，利用这种光固化技术进行逐层成型的方法，称为光固化成型法，简称 SLA。

3．SLA 技术的成型原理

SLA 是最早实用化的快速成型技术，采用液态光敏树脂原料，工作原理如图 1-2-11 所示。其工艺过程是，首先通过 CAD 设计出三维实体模型，利用离散程序将模型进行切片处理，设计扫描路径，产生的数据将精确控制激光扫描器和升降台的运动；激光光束通过数控装置控制的扫描器，按设计的扫描路径照射到液态光敏树脂表面，使表面特定区域内的一层树脂固化，当一层加工完毕后，就生成零件的一个截面；然后，升降台下降（或上升）一定距离，固化层上覆盖另一层液态树脂，再进行第二层扫描，第二固化层牢固地黏结在前一固化层上，这样一层层叠加形成三维工件原型。将原型从树脂中取出后，进行最终固化，再经打光、电镀、喷漆或着色处理即得到要求的产品，SLA 工艺成型样件如图 1-2-12 所示。SLA 代表设备如图 1-2-13 所示。

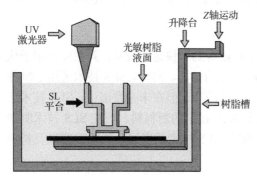

图 1-2-11　SLA 工作原理图

图 1-2-12　SLA 工艺成型样件

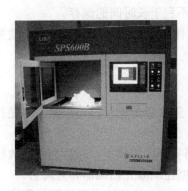

图 1-2-13 SLA 代表设备

4．SLA 技术所用耗材

SLA 技术目前可以使用的的打印耗材为液态光敏树脂，如图 1-2-14 所示。

制件性能：相当于工程塑料或蜡模。

图 1-2-14 SLA 耗材——光敏树脂

5．SLA 技术应用范围

SLA 主要用途：高精度塑料件、铸造用蜡模、样件或模型等；还可以在原料中通过加入其他成分，用 SLA 原型模代替熔模精密铸造中的蜡模。

6．SLA 技术优缺点

1）优点

（1）技术成熟。

（2）表面质量较好。

（3）成型精度较高，精度在 0.1～0.3mm 之间。

（4）系统分辨率较高。

2）缺点

（1）SLA 系统造价高，使用和维护成本过高。

（2）SLA 是要对液体进行操作的精密设备，对工作环境要求严格。

（3）成型件多为树脂类，强度、刚度、耐热性不好，不利于长时间的保存。

（4）立体光固化成型技术被单一公司所垄断，处理软件和驱动软件与加工出来的效果关联太紧；操作系统复杂。

7．SLA 技术制造过程

SLA 工艺的制作过程分为三步：第一步是设计模型；第二步是进行打印；第三步是打印后的处理。

（1）设计模型。工作人员首先通过 CAD 软件设计出需要打印的模型，然后利用离散程序对模型进行切片处理，最后设置扫描路径，运用得到的数据控制激光扫描器和升降台。

（2）进行打印。激光光束通过数控装置控制的扫描器，按设计的扫描路径照射到液态光敏树脂表面，使表面特定区域内的一层树脂固化，当一层加工完毕后，就生成零件的一个截面；然后，升降台下降到一定距离，固化层上覆盖另一层液态树脂，再进行第二层扫描，第二固化层牢固地黏结在前一固化层上，这样一层层叠加形成三维工件原型。

（3）打印完成后的处理。首先从树脂液体中取出模型，然后对模型进行最终的固化和对表面进行喷漆等处理，以达到产品的需求。

8．SLA 技术的发展趋势

（1）立体光固化成型法要向高速化、节能环保与微型化方向发展。

（2）提高加工精度，向生物、医药、微电子等领域发展。

（3）不断完善现有的技术，研究新的成型工艺。

（4）开发新的成型材料，提高制件的强度、精度、性能和寿命。

（5）研制经济、精密、可靠、高效、大型的制造设备、大型覆盖件及其模具。

（6）开发功能强大的数据采集、处理和监控软件。

（7）拓展新的应用领域，如产品设计、快速模具制造到医疗、考古等领域。

1.2.4 LOM 技术

1．LOM 技术概念——分层实体制造

箔材叠层实体制作（Laminated Object Manufacturing）快速原型技术是薄片材料叠加工艺，简称 LOM。

2．LOM 技术的历史简介

由美国 Helisys 公司的 Michael Feygin 于 1986 年研发成功，该公司推出了 LOM-1050 和 LOM-2030 两种型号的成型机。LOM 技术的研究，除了美国 Helisys 公司以外，还有日本 Kira 公司、瑞典 Sparx 公司、新加坡 Kinersys 精技私人公司、清华大学、华中理工大学等。LOM 代表设备如图 1-2-15 所示。

图 1-2-15 LOM 代表设备

3．LOM 技术的成型原理

箔材叠层实体制作是根据三维 CAD 模型每个截面的轮廓线，在计算机控制下，发出控制激光切割系统的指令，使切割头进行 X 和 Y 方向的移动。LOM 工作原理如图 1-2-16 所示，供料机构将截面涂有热熔胶的箔材（如涂覆纸、涂覆陶瓷箔、金属箔、塑料箔材）一段段的送至工作台的上方。激光切割系统按照计算机提取的横截面轮廓用二氧化碳激光束对箔材沿轮廓线将工作台上的纸割出轮廓线，并将纸的无轮廓区切割成小碎片。然后，由热压机构将一层层纸压紧并黏合在一起。可升降工作台支撑正在成型的工件，并在每层成型之后，降低一个纸厚，以便送进、黏合和切割新的一层纸。最后形成由许多小废料块包围的三维原型零件。最后取出，将多余的废料小块剔除，最终获得三维产品。LOM 工艺成型样件如图 1-2-17 所示。

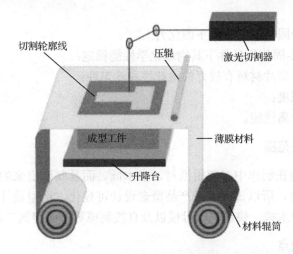

图 1-2-16　LOM 工作原理图

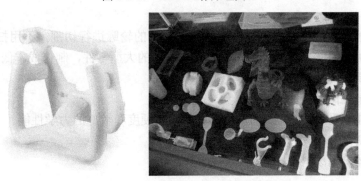

图 1-2-17　LOM 工艺成型样件

4．LOM 技术所用耗材

LOM 材料一般由薄片材料和热熔胶两部分组成。

1）薄片材料

根据所需要构建的模型的性能要求，确定用不同的薄片材料。薄片材料分为：纸片材、金属片材、陶瓷片材、塑料薄膜和复合材料片材，其中纸片材应用最多。另外，在构建的模型对基体薄片材料有下面一些性能要求：

（1）抗湿性；

（2）良好的浸润性；

（3）抗拉强度；

（4）收缩率小；

（5）剥离性能好。

2）热熔胶

用于 LOM 纸基的热熔胶按照基体树脂划分为：乙烯-醋酸乙烯酯共聚物型热熔胶、聚酯类热熔胶、尼龙类热熔胶或者其他的混合物。目前，EVA 型热熔胶应用最广。热熔胶主要有以下性能：

（1）良好的热熔冷固性能（室温下固化）；

（2）在反复"熔融-固化"条件下其物理化学性能稳定；

（3）熔融状态下于薄片材料有较好的涂挂性和涂匀性；

（4）足够的黏结强度；

（5）良好的废料分离性能。

5. LOM 技术应用范围

由于分层实体制造在制作中多使用纸材，成本低。而且制造出来的纸质原型具有外在的美感和一些特殊的品质，所以该技术在产品概念设计可视化、造型设计评估、装配检验、熔模铸造型芯、砂型铸造木模、快速制模母模以及直接制模等方面得到广泛的应用。

6. LOM 技术优缺点

1）优点

（1）成型速度快。由于只要使激光束沿着物体的轮廓进行切割，不用扫描整个断面，所以成型速度很快。因此，常用于加工内部结构简单的大型零件，制作成本低。

（2）不需要设计和构建支撑结构。

（3）原型精度高，翘曲变形小。

（4）原型能承受高达 200℃的温度，有较高的硬度和较好的力学性能。

（5）可以切削加工。

（6）从主体剥离废料，不需要后固化处理。

2）缺点

（1）有激光损耗，并且需要建造专门的实验室，维护费用太昂贵。

（2）废料去除困难。

（3）由于材料质地原因，加工的原型件抗拉性能和弹性不高。

（4）易吸湿膨胀，需要进行表面防潮处理。

（5）此种技术很难构建形状精细、多曲面的零件，仅限于结构简单的零件。

7．LOM 技术制造过程

LOM 技术制造过程分为前处理、分层叠加成型、后处理 3 个主要步骤。

（1）前处理，即图形处理阶段。

想要制造一个产品，需要通过三维造型软件（如 Pro/E、UG、SolidWorks）对产品进行三维模型制造，然后把制作出来的三维模型转换为 STL 格式，再将 STL 格式的模型导入切片软件中进行切片，这就完成了产品制造的第一个过程。

（2）分层叠加成型，其制作主要有基底制作和原型制作两步。

① 基底制作。由于工作台的频繁起降，所以在制造模型时，必须将 LOM 原型的叠件与工作台牢牢地连在一起，那么这就需要制造基底，通常的办法是设置 3～5 层的叠层作为基底，但有时为了使基底更加牢固，可以在制作基底前对工作台进行加热。

② 原型制作。在基底完成之后，3D 打印机就可以根据事先设定的工艺参数自动完成原型的加工制作。但是工艺参数的选择与选型制作的精度、速度以及质量密切相关。这其中重要的参数有激光切割速度、加热辊热度、激光能量、破碎网格尺寸等。

（3）后处理：后处理包括余料去除和后置处理。

余料去除即在制作的模型完成打印之后，工作人员把模型周边多余的材料去除，从而显示出模型。

后置处理即在余料去除以后，为了提高原型表面质量，就需要对原型进行后置处理。后置处理包括了防水、防潮等。只有经过了后置处理，制造出来的原型才能满足快速原型表面质量、尺寸稳定性、精度和强度等要求。在后置处理中的表面涂覆是为了提高原型的强度、耐热性、抗湿性、延长使用寿命、表面光滑以及更好地用于装配和功能检验。

8．LOM 技术的发展趋势

LOM 技术箔材叠层实体制作是根据三维 CAD 模型每个截面的轮廓线，由于材料质地原因，耗材局限，加工的原型件抗拉性能和弹性不高；而且易吸湿膨胀，此种技术很难构建形状精细、多曲面的零件，因而发展受限，已经逐步淘汰。

1.2.5　3DP 技术

1．3DP 技术概念

3DP 技术，全称为三维印刷工艺（Three-Dimensional Printing），通过使用液态连接体将铺有粉末的各层固化，以创建三维实体原型。

2．3DP 技术的历史简介

三维印刷（3DP）工艺是美国麻省理工学院 Emanual Sachs 等人研制的。E.M.Sachs 于 1989 年申请了 3DP（Three-Dimensional Printing）专利，该专利是非成型材料微滴喷射成型范畴的核心专利之一。3DP 代表设备如图 1-2-18 所示。

图 1-2-18　3DP 代表设备

3. 3DP 技术的成型原理

3DP 工艺是采用粉末材料成型，如陶瓷粉末，金属粉末。制作时通过喷头用黏结剂（如硅胶）将零件的截面印刷在材料粉末上面，这样逐层打印成型。3DP 工作原理如图 1-2-19 所示。3DP 工艺成型样件如图 1-2-20 所示。

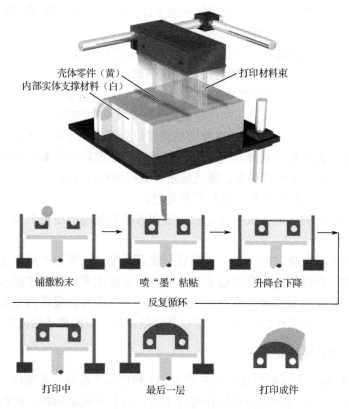

壳体零件（黄）
内部实体支撑材料（白）
打印材料束

铺撒粉末　　喷"墨"粘贴　　升降台下降

反复循环

打印中　　最后一层　　打印成件

图 1-2-19　3DP 工作原理图

图 1-2-20　3DP 工艺成型样件

4. 3DP 技术所需耗材

3DP 技术目前可以使用的打印耗材有石膏粉末、陶瓷粉末、金属粉末等。

5. 3DP 技术应用范围

3DP 技术不仅可以运用于制作概念模型、内部复杂的模型，还可以制作颜色多样的模型。

6. 3DP 技术优缺点

1）优点

（1）成型速度快，材料价格低。

（2）可制作彩色原型。

（3）制作过程中不需要支撑，多余粉末去除方便，后处理方便。

（4）适合制造复杂形状的零件。

2）缺点

（1）强度较低，只能制作概念型模型，而不能制作功能性模型。

（2）零件易变形甚至出现裂纹。

（3）表面粗糙。

温馨提示

影响 3DP 打印原型精度的因素：

A. 由模型通过软件数据接口转换成 STL 格式文件时产生；

B. 进行分层处理产生的误差，最常见的是阶梯误差；

C. 打印过程中变形以及后期处理时，黏结剂未干燥、温度等因素造成的变形。

温馨提示

如何避免 3DP 打印原型精度变差：

A. 减少分层带来的阶梯误差。降低每层的厚度以降低尺寸误差，提高原型表面质量；

B. 针对原型，选择适合的分层角度和方向，以减少变动降低误差；

C. 研究不需要 STL 格式转换的三维 CAD 软件；

D. 研究能按照三维零件曲率和斜率自动调整分层厚度的软件；

E. 研究新的成型方法、成型材料以及后处理方法。

7. 3DP 技术制造过程

3DP 技术的成型工艺过程分为三个步骤：即模型设计、3D 打印、后处理。

（1）模型设计：工作人员利用 CAD 等制作软件设计出所需要打印的模型，将设计的模型格式转换为 STL 格式，然后切片，把数据输入打印机中，进行打印。

（2）3D 打印：在打印开始时，在成型室工作台上，均匀的铺上一层粉末材料，然后喷头按照原型截面形状，将黏结材料有选择性地打印到已铺好的粉末上，使原型截面有实体区域

内的粉末黏结在一起，形成截面轮廓，一层打印完后，工作台下降到一个截面的高度，然后重复上面的步骤，直至原型打印完成。

（3）后处理：在原型打印完毕后，工作人员把原型从工作台上拿出，并经过高温烧结、静压等工艺，进行固化等处理。

8．3DP 技术的发展前景

3DP 快速打印成型技术，除了在产品的概念原型和功能原型件等制造外，还在生物医学工程、制药工程和微型机电制造等领域有着广阔的发展前景。

1）概念原型和功能原型件制造

3DP 技术是概念原型从原型设计图到实物的最直接的成型方式。概念原型一般应用于展示产品的设计理念、形态，对产品造型和结构设计进行评价，从而得到更加精良的产品。这一过程，不仅节约了时间也节约了成本。

2）生物医学工程

3DP 技术不需要激光烧结或加热，所以可以打印出生命体全部或部分功能，具有生物活性的人体器官。首先需利用 3DP 技术将能参与生命体代谢可降解的组织工程材料制成内部多孔疏松的人工骨，并在疏松孔中填入活性因子，植入人体，即可代替人体骨骼，经过一段时间，组织工程材料被人体降解、吸收、钙化形成新骨。

3）制药工程

服药主要是通过粉末压片和湿法造粒制片两种方法制造，在人服用后，很难达到需要治疗的区域，降低了药效发挥的作用。所以为了更好地发挥药效，需要根据药物在体内的消化、吸收和代谢规律，以及治疗所需要的药物浓度，合理设计药物的微观结构、组织成分和药物的控释分布等。传统制药难以达到这个要求，而新兴的 3DP 技术因为其材料多样性、成型过程中的可控性等特点，可以很容易实现多种材料的精确成型和微观结构的精确成型，满足制药的需要。近年，华中科技大学的余灯广等人利用 3DP 技术成功地制作了药物梯度控释给药系统。

4）微型机电制造

微型机电制造是指集微型机构、微型传感器、微型执行器以及信号处理和控制电路、甚至外围接口通信电路和电源等于一体的微型器件或系统。目前微型机电的加工方法有光刻、光刻电铸、精密机械加工、精密放电加工、激光微加工等。这些制造方法只能适合平面，很难加工出三维复杂结构。如果非要制造，则成本高、工艺复杂。如果支撑材料采用可以打印的悬浮液体，就可以用 3DP 技术制造；如果安装多个喷头，就可以制造出具备多种材料和复杂形状的微型机电。近年，随着 3DP 技术成型精度的提高，其在微机械、电子元器件、电子封装、传感器等微型机电制造领域有着广泛的发展前景。

1.2.6　不同 3D 打印技术之间的对比

目前应用较广的是 3DP 三维印刷工艺技术、FDM 熔融沉积技术、SLA 立体光固化成型技术、SLS 选区激光烧结技术、DLP 激光成型技术、LOM 箔材叠层实体制作技术等。虽然成型工艺不同，但 3D 打印技术实质都是叠层制造，由快速原型机在 *X-Y* 平面内通过扫描形式形成工件的截面形状，而在 *Z* 坐标间断地进行层面厚度的位移，最终形成三维制件。可由于成型工艺不同，所使用材料、成型精度也不同，我们把上述几种工艺与传统加工进行简单对比，见表 1-1-1 和表 1-1-2。

表 1-2-1　不同 3D 打印技术的对比

打印技术	优　　势	劣　　势
FDM	(1) 污染小，材料可回收，用于中小型件的成型 (2) 可以使用溶于水的支撑材料，以便于工件分离，从而实现中空型工件的加工	(1) 工件表面比较粗糙 (2) 加工过程的时间比较长 (3) 比 SLA 工艺精度低
SLA	(1) 光固化成型法是最早出现的快速原型制造工艺，成熟度高 (2) 可以加工结构外形复杂或者使用传统手段难以成型的原型或者模具 (3) 使 CAD 数字模型直观化，降低错误修复的成本	(1) SLA 系统造价高昂，使用和维护成本较高 (2) SLA 系统是要对液体进行操作的精密设备，对工作环境要求苛刻 (3) 成型多为树脂类，强度、刚度、耐热性有限，不利于长时间保存
SLS	(1) SLS 所使用的成型材料十分广泛，目前可以进行 SLS 成型加工的材料有石蜡、高分子、金属、陶瓷粉末和它们的复合粉末材料。成型件性能分布广泛，适用于多种用途 (2) SLS 不需要设计和制造复杂的支撑系统	SLS 工艺加工成型后，工件表面会比较粗糙，增强机械性能的后期处理工艺也比较复杂（粗糙度取决于粉末的直径）
LOM	(1) 成型速度较快。由于只需要使用激光束沿物体的轮廓进行切割，无须扫描整个断面，所以成型速度很快，因而常用于加工内部结构简单的大型零件 (2) 原型精度高，翘曲变形小 (3) 可进行切削加工 (4) 可制作尺寸大的原型	(1) 原型的抗拉强度和弹性不够好 (2) 原型易吸潮膨胀，所以成型后要立即进行表面防潮处理 (3) 原型表面有台阶纹理，难以构建形状精细、多曲面的零件，因此成型后要进行表面打磨处理
3DP	(1) 成型速度快，材料价格低，适合做桌面型的快速成型设备 (2) 在黏结剂中添加颜料，可以制作彩色模型，这是该工艺最具竞争力的特点之一 (3) 成型过程不需要支撑，多余粉末的去除比较方便，特别适合做内腔复杂的原型	强度较低，只能做概念性模型，而不能做功能性实验

表 1-2-2　SLA、LOM、SLS、FDM 成型工艺比较

工　艺	SLA	LOM	SLS	FDM
零件精度	较高	中等	中等	较低
表面质量	优良	较差	中等	较差
复杂程度	复杂	简单	复杂	中等
零件大小	中小	中大	中小	中小
材料价格	较贵	较便宜	中等	较贵
材料种类	光敏树脂	纸、塑料、金属薄膜	石蜡、塑料、金属、陶瓷粉末	石蜡、塑料丝
材料利用率	接近 100%	较差	接近 100%	接近 100%
生产率	高	高	中等	较低

课后拓展

（1）了解 3D 打印 SLM 选区金属激光熔化（Selective Laser Melting）技术的概念、发展历史、工作原理、所用耗材、应用范围、该技术的优缺点、成型工艺过程、发展前景。

（2）了解 3D 打印 SGC 掩膜固化法（Solid Ground Curing）技术的概念、发展历史、工作原理、所用耗材、应用范围、该技术的优缺点、成型工艺过程、发展前景。

（3）了解 BPM 喷粒法（Ballistic Particle Manufacturing）技术的概念、发展历史、工作原理、所用耗材、应用范围、该技术的优缺点、成型工艺过程、发展前景。

（4）了解 LCD 激光金属熔覆沉积（Laser Cladding Deposition）技术的概念、发展历史、工作原理、所用耗材、应用范围、该技术的优缺点、成型工艺过程、发展前景。

（5）了解 LSF 激光立体成型技术的概念、发展历史、工作原理、所用耗材、应用范围、该技术的优缺点、成型工艺过程、发展前景。

任务 1.3　了解 3D 目前应用及发展趋势

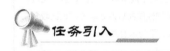

任务引入

现在，随着 3D 打印技术应用的不断扩散，个性化的私人定制越来越受到人们的青睐，新兴的 3D 目前到底有哪些应用，离我们的生活有多远？下面我们就来了解一下。

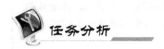

任务分析

本任务是对 3D 打印技术应用有所了解，上一个任务我们已经对 3D 技术 5 种工艺与特点有所了解，不同的工艺都有其适用范围和行业，我们按应用领域一一了解。

任务实施

1.3.1　3D 打印技术在金属件制造中的应用

目前 3D 打印机所制造出来的金属部件，在精度和强度上已经有很大提升。如图 1-3-1 所示为中国西北工业大学研制生产的航天飞行器舵，如图 1-3-2 所示为采用 SLM 系统完成的钛合金制件。

3D 打印制造技术能够与传统的铸造、金属冷喷涂、硅胶模、机加工等工艺相结合，极大提升工艺能力，3D 打印所需模具、工装、卡具、刀具等工艺资源少（甚至不需要），极大地缩短了加工准备周期，降低制造成本和缩短制造周期。玉柴公司利用 3D 打印与铸造相结合的工艺，在 7 天内整体铸造出了 6 缸发动机缸盖，如图 1-3-3 所示。而如果用传统工艺需要 5 个月，且无法整体成型。激光直接加工金属技术发展较快，已满足特种零部件的机械性能要求，被率先应用到航天、航空装备制造。如图 1-3-4 所示为在我国自主创新科技展示厅内展出的利用激光直接沉积技术生产用于航天飞机的大型金属构件。

图 1-3-1 航天飞行器舵

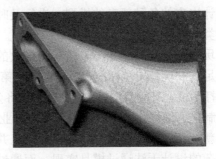

图 1-3-2 采用 SLM 系统完成的钛合金制件

图 1-3-3 6 缸发动机缸盖

图 1-3-4 大型金属构件

如图 1-3-5 所示为大型国产客机 C919 首次在国产机型上采用激光成型件加工的主挡风窗框和中央翼缘条。其中，中央翼缘条最大尺寸为 3070mm，力学性能通过商飞"五项性能测试"，综合性能优于锻件。采用激光近净成型的 C919 主挡风窗框，改变了传统需要铸锭、制坯、制模、模锻、机加工等工艺过程，大幅度减少了工艺资源，材料利用率从原来的 10%左右提高到 90%。如图 1-3-6 所示为成功下线的 C919 大型客机翼身组合体大部段。

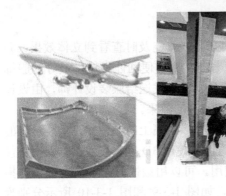

图 1-3-5 国产客机 C919 主挡风窗框与中央翼缘条

图 1-3-6 C919 大型客机翼身组合体大部段

1.3.2 3D 打印技术在玩具、工艺品领域中的应用

3D 打印技术在很多领域都运用得比较好，且得到了很多行业的肯定，未来 3D 打印技术

将会在该行业内发挥着非常重要的作用，比如汽车、玩具、手机等行业，均可以在设计师设计好作品之后，就及时地将模型打印，然后观察设计效果，甚至于在玩具行业，可以将我们所能设计出来的各种新奇的模型，进行及时的打印，批量的生产，满足不同年龄段的人对不同玩具类型的需求。

在玩具、工艺品领域，来自英国伦敦的互联网公司于近期宣布，其第一款打印玩具已经成功满足欧洲玩具安全标准，成为世界上第一个通过认证的打印玩具，如图1-3-7所示为玩具的3D打印机。3D打印技术的兴起，必将会带来商业模式的变革，而对于玩具行业来说，更多的定制化、细分化、个性化的玩具定制业务也将随之兴起。3D打印技术会给整个玩具产业带来全新变革，而产品设计周期会缩短，并且会克服以前的一些模具设计短板，那就是一些相对复杂的设计无法通过模具实现，而通过打印机则可以较为完美的展现，使产品设计更加逼真。3D打印技术也的的确确颠覆了传统工业品制造流程，把创意设计迅速变为产品实物。设计师和产品开发团队能够更加形象、直观、准确地表达设计思想和产品功能，从一开始就尽早发现问题并解决，避免没必要的返工，从而缩短产品设计周期、更快响应市场、降低企业开发成本，企业核心竞争力也随之增强。如图1-3-8所示为国内阿里巴巴平台上的工艺品网店。

图1-3-7　玩具的3D打印机　　　　　图1-3-8　国内阿里巴巴平台上的工艺品网店

1.3.3　3D打印技术在服装行业中的应用

服装设计师在进行服饰设计时，也可以使用到3D打印技术，能及时查看到立体效果，并且可以根据立体效果进行调整，这对服装设计而言，有着非常大的便利性。这是最好的服饰设计制作方式，利用3D打印技术，将真人进行拍照，然后将模型发送给服装设计师，由设计师根据真人模型进行服饰设计，达到量体裁衣、私人定制服饰的效果。

在一些高级定制方面，使用3D打印技术，就可以解决很多距离上的不便，让全球最好的设计师，可以及时地为您设计服饰。另外，在服饰配件方面，使用3D打印技术，可以让最佳的服饰配件最快的打印出来，然后在服饰上进行搭配使用，可以用最快的速度选出最佳的搭配效果，为服饰的销售、服饰的设计方面提供辅助作用，如图1-3-9和图1-3-10所示分别为3D打印的鞋子和服装。

科技改变生活，3D打印技术未来也会改变服饰与生活，改变时尚方式。荷兰设计师Pauline Van Dongen最近在尝试3D打印技术，她设计出可伸缩形态的袖套，用一台Objet Connex多材料打印机打印了这一袖套。袖套由具有弹性、像橡胶一样的材料和结实的塑料构成。这款袖套能对多种手势进行视觉呈现，会根据人的运动来改变形状，比如，当穿戴者手臂往下放时，袖套各个部位要么扩张，要么收缩，如图 1-3-11 所示。

图 1-3-9　3D 打印的鞋子　　　　　　　　　图 1-3-10　3D 打印的服装

Van Dongen 通过与 3D Systems 公司位于洛杉矶的工作室合作，制作了"响应式可穿戴服装"，如图 1-3-12 所示。她们先尝试了打印多个弹簧一样的塑料形体。这些结构要更耐用、更柔韧。她们还在服装中装上了用镍钛合金制作的弹簧。镍钛合金具备形状记忆的特性。在某一温度下，镍钛合金会变形，但当加热到"变形温度"时，它又会恢复原状。通过装上镍钛合金弹簧以及小电线，Van Dongen 可以通过调节温度，让弹簧扩张或收缩。这一效果就像有一个"在呼吸的有机体"附着在穿戴者身上。服装的弹簧式结构缠绕在身体之上，给人一种深海珊瑚在海中移动的美感，如图 1-3-13 所示。

图 1-3-11　3D 打印的袖套　　　　图 1-3-12　3D 打印的服装饰物　　　　图 1-3-13　会"呼吸"的服装

1.3.4　3D 打印技术在珠宝行业中的应用

现在，随着 3D 打印技术应用的不断扩散，3D 打印首饰越来越接近普通人的生活。已经有珠宝商开始向消费者提供 3D 打印的各种首饰了。传统珠宝首饰制作的简要流程是：概念与设计画出二维图纸→雕刻蜡版翻制银版，然后再压制橡胶模→胶模铸蜡重复得到多件蜡模→完成蜡模→制作蜡模→翻制石膏模→浇注→石膏模炸洗及后处理→成品。新型数字化快速制造流程是：珠宝首饰样品三维扫描→三维扫描数据→CAD 设计数据→RP 快速蜡模→翻制石膏模→浇注→后处理。新型数字化快速制造技术方案与传统制造流程相比，主要优势在于：

（1）提高设计效率。

（2）加快蜡型制作速度。

（3）提升原型质量和精美度。

据"中国礼品网讯"报道，美国"神经系统"设计工作室在近日首次采用3D打印技术，与顾客共同设计和制作出镶嵌宝石的订婚戒指，如图1-3-14所示。

图1-3-14　3D打印制作的订婚戒指

这枚订婚戒指形似细胞组织，其设计难度在于如何将近似圆形的钻石固定在孔隙狭小的戒面上，最后工作室与顾客共同达成的解决办法是，将戒面分为两层，外层保留较大的孔隙以固定住钻石，而内层则较细密以保证佩戴的舒适感，两层之间则为钻石留下了恰当的空间。神经系统工作室首先3D打印出戒指的蜡模，再用18K金浇铸成型，戒面中央有一颗钻石，四周则被四颗红宝石环绕，为了匹配这枚特殊的订婚戒指，神经系统工作室特地制作了桃木首饰盒，首饰盒顶部覆盖了镀金顶盖。这次的合作是愉快而成功的，并且神经系统工作室向更多客户推出了私人定制订婚钻戒的服务。凭借高度定制化和对特殊几何形状的成型能力，3D打印技术在私人珠宝定制行业将会有广阔的前景。

相关知识

3D打印技术在其他领域中的应用

1. 产品设计领域

在产品设计领域，3D打印主要用于新产品造型设计展示，产品的结构、装配及功能验证，产品可制造性验证等方面。

1）新产品造型设计展示

在新产品造型设计过程中，应用3D打印技术为工业产品的设计开发人员建立了一种崭新的产品开发模式。运用3D打印技术能够快速、直接、精确地将设计思想转化为具有一定功能的实物模型（样件），这不仅缩短了开发周期，而且降低了开发费用，也使企业在激烈的市场竞争中占有先机。如图1-3-15所示为某款水龙头的SLA组件展示。

如图1-3-16所示为3D打印的GE喷气机引擎，设计出了可打开的剖面机构，以充分暴露其内部结构，利于进行产品内部组件的展示和功能讲解。

图 1-3-15　某水龙头的 SLA 组件展示
（图源：上海数造）

图 1-3-16　GE 喷气机引擎
（图源：上海数造）

　　2008 年珠海航展上展出的空军某型 250 公斤级制导炸弹，如图 1-3-17 所示。该弹是在空军现有的老式航弹弹体上加装弹翼组件后改装而来。在炸弹投放离机后，弹翼套件将会自动展开，炸弹会由于升力面积的增加而获得较好的气动性能，进而大幅度增加投射距离。在原炸弹尾部，加装了 X 型配置的控制舵面，通过接收卫星导航信号来操纵炸弹向目标准确地滑翔。如图 1-3-17 所示，展出的绿色弹体为传统航空炸弹，白色部分为弹翼组件，由联泰科技 RS6000 激光快速成型机全尺寸制作完成。（单边）翼展最大尺寸约为 1.2m 长，整个组件在 10 天内即全部完成，其中 SLA 制作 7 天，表面处理 3 天，为模型及时参与航展提供了有效保障。

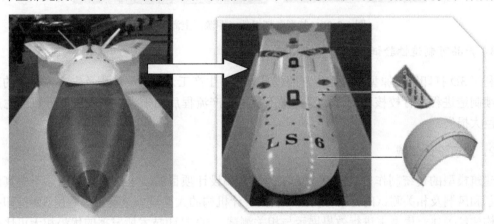

图 1-3-17　250 公斤级制导炸弹（图源：上海数造）

2）产品的结构、装配及功能验证

　　由于 3D 打印技术 CAD/CAM 的无缝衔接，能快速制得产品零件和结构部件对产品进行结构、装配的验证和分析，从而可对产品设计进行快速评估、测试，缩短产品开发的研制周期，减少开发费用，提高参与市场竞争的能力，如图 1-3-18 所示为 SLA 技术 3D 打印的某型空调组件，用来进行产品的结构及装配验证，如图 1-3-19 所示为装配后的空调壳体，验证了空调壳体结构设计的可行性。

图 1-3-18　某型空调组件

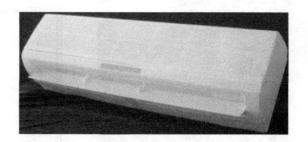

图 1-3-19　装配后的空调壳体（图源：上海数造）

如图 1-3-20 所示为 SLA 技术 3D 打印的某型车灯组件，用来进行车灯组件的光照试验，从而验证车灯的功能性。

图 1-3-20　某型车灯组件（图源：上海数造）

3）产品可制造性验证

利用 3D 打印制造原型，对比生产的模具设计、生产工艺、装配流程及生产工夹具的设计等后续制造进程进行校核和测评，避免进入批量生产流程后由于设计缺陷可能导致的生产问题和巨大损失。

2．建筑设计领域

建筑模型的传统制作方式，渐渐无法满足高端设计项目的要求。全数字还原不失真的立体展示和风洞及相关测试的标准，现如今众多设计机构的大型设施或场馆都利用 3D 打印技术先期构建精确建筑模型来进行效果展示与相关测试，3D 打印技术所发挥的优势和无可比拟的逼真效果为设计师所认同。2013 年 1 月，荷兰建筑设计师 Janjaap Ruijssenaars 和艺术家 Rinus Roelofs 设计出了全球第一座 3D 打印建筑物，设计灵感来源于莫比乌斯环，因其类似莫比乌斯环的外形以及其像风景一样能够愉悦人的特征，故得名为 Landscape House（风景屋）。该建筑使用意大利的"D-Shape"打印机制出 6m×9m 的块状物，最后拼接完成。如图 1-3-21 所示为世界上第一座 3D 打印建筑——莫比乌斯屋。

2014 年，荷兰阿姆斯特丹宣布在一条运河旁建造世界上第一座 3D 打印房屋，如图 1-3-22 所示，由荷兰 DUS 建筑师事务所设计，共有 13 个房间。该建筑的最终形态将类似传统的荷兰运河房屋，因此将其命名为"运河屋"（Canal House）。先由约 3.5m 高的特大型 3D 打印机 KamerMaker 逐层打印熔塑层，凝固后形成塑料块，最后由工人搭建完成。目前，"运河屋"

已经在阿姆斯特丹北部地区动工，预计 2017 年竣工。

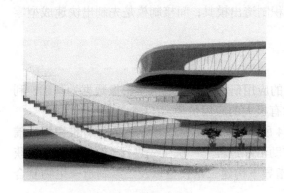

图 1-3-21　莫比乌斯屋

（图源：3DPrintBoard.com）

图 1-3-22　阿姆斯特丹"运河屋"的透视图

（图源：3dprintcanalhouse.com）

2016 年 3 月，中国建筑公司盈创科技完工两幢面积分别为 80m² 、130m² 的 3D 打印中式庭院（如图 1-3-23 所示），造价为 40 万元。该建筑的设计和建造由董事长马义和亲自操刀，按照 3D 打印建筑技术的特性，整体建筑设计超越了原有苏州园林的古建筑体结构和布局，将现代审美元素和高科技技术结合在一起。

图 1-3-23　盈创科技完工的中式庭院（图源：盈创科技官网）

3．机械制造领域

由于 3D 打印技术自身的特点，使得其在机械制造领域内，获得广泛的应用，多用于制造单件、小批量金属零件的制造。有些特殊复杂制件，由于只需单件生产，或少于 50 件的小批量，一般均可使用 3D 打印技术直接进行成型，其成本低，周期短。

4．模具制造领域

在玩具制作等传统的模具制造领域，往往模具生产时间长，成本高。将 3D 打印技术与传统的模具制造技术相结合，可以大大缩短模具制造的开发周期，提高生产率，是解决模具设计与制造薄弱环节的有效途径。3D打印技术在模具制造方面的应用可分为直接制模和间接制模两种。直接制模是指采用3D打印技术直接堆积制造出模具；间接制模是先制出快速成型零件，再由零件复制得到所需要的模具。

5. 医学领域

近几年来，人们对3D打印技术在医学领域的应用研究较多。以医学影像数据为基础，利用3D打印技术制作人体器官模型，对外科手术有极大的应用价值。

2013年2月打印出了人造耳朵，如图1-3-24所示。如图1-3-25所示为人体脊椎模型，辅助医生手术矫正。如图1-3-26所示为3D打印辅助治疗过程——医生先进行CT扫描诊断→获得轮廓数据→应用软件构建三维数据→在医生指导下构建三维模型以及三维制造→生物复合成型→修整→医生手术植入人体→病人康复。

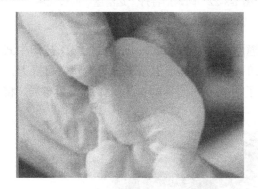
图1-3-24 人造耳朵

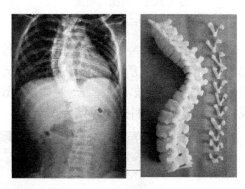
图1-3-25 人体脊椎

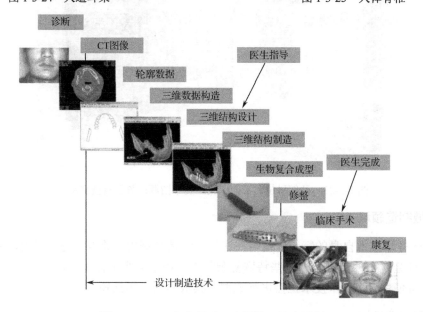
图1-3-26 3D打印辅助（人颌骨）治疗过程

6. 文化艺术领域

在文化艺术领域的应用，3D打印技术多用于艺术创作、文物复制、数字雕塑等。

7. 航天技术领域

在航空航天领域中,空气动力学地面模拟实验(即风洞实验)是设计性能先进的天地往返系统(即航天飞机)所必不可少的重要环节。该实验中所用的模型形状复杂、精度要求高、又具有流线型特性,采用 3D 打印技术,根据 CAD 模型,由 3D 打印设备自动完成实体模型,能够很好地保证模型质量。

8. 家电领域

3D 打印技术在国内的家电行业上得到了很大程度的普及与应用,使许多家电企业走在了国内前列。例如,广东的美的、华宝、科龙,江苏的春兰、小天鹅,青岛的海尔等,都先后采用 3D 打印技术来开发新产品,收到了很好的效果。

3D 打印技术的应用很广泛,可以相信,随着 3D 打印技术的不断成熟和完善,它将会在越来越多的领域得到推广和应用。

任务 1.4 熟悉 3D 打印一般流程

3D 打印技术实质都是叠层制造,由快速原型机在 X-Y 平面内通过扫描形式形成工件的截面形状,而在 Z 坐标间断地进行层面厚度的位移,最终形成三维制件。那么 3D 打印制作是如何进行的呢?一般需要哪些步骤呢?

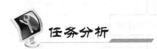

从对前面 3D 打印技术的了解,知道 3D 打印技术实质都是层叠制造,喷嘴在水平面上移动形成截面形状,一层堆完,再在高度上移动一层;最终形成三维制件。因而 3D 打印首先需要三维数字模型(三维 CAD 模型),一般三维 CAD 软件建成模型都有自己的格式,需要进行格式转换,转换成切片软件能识别的.STL 格式;然后通过切片软件形成截面形状,生成 3D 打印机能识别 Gcode 代码,导入 3D 打印机,进行打印;打印完成后还需要进行后处理。因此,3D 打印一般流程如图 1-4-1 所示。

【第一步】构建 CAD 模型

如图 1-4-1 所示,知道 3D 打印第一步,用计算机软件制作 3D 模型(一般也称它为 CAD 模型)。CAD 模型构建一般有两种方式,正向设计和逆向设计。正向设计,从无到有,由设计人员应用各种正向设计,完成设计,获得 CAD 模型,其一般流程如图 1-4-2 所示;逆向设计,从有到有,一般有实物原型,通过扫描仪等数据采集设备,获得点云数据,设计人员把点云数据导入逆向软件，进行设计，获得 CAD 模型，其一般流程如图 1-4-3 所示。本书主要介绍逆向设计，因此我们来体验一下逆向设计。

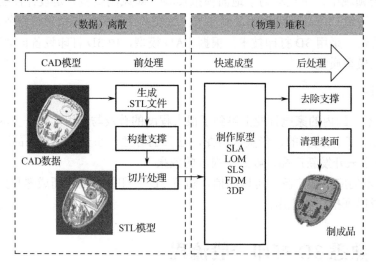

图 1-4-1 3D 打印技术一般流程

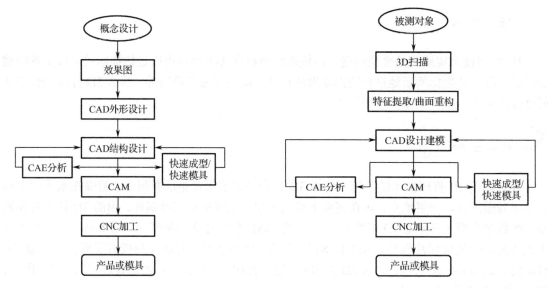

图 1-4-2 正向设计一般流程图　　　　图 1-4-3 逆向设计一般流程

3D 打印技术实质都是层叠制造，喷嘴在水平面上移动形成截面形状，一层堆完，再在高度上移动一层；最终形成三维制件。

【第二步】生成 STL 格式文件

一般 3D 打印切片软件能识读的文件是 STL 格式，如照片一般格式是.jpg 格式，需要把各种软件创造的 3D 模型转换为 3D 打印切片软件能识读的 STL 格式文件。

【第三步】构建支撑

3D 打印技术实质都是叠层制造，成型时必须是从底面（也有顶面）层层累加，对于倒悬空的工件，需要添加支撑支持悬空部分。

【第四步】切片

通过打印切片软件，扫描形式形成 3D 模型水平面（X-Y 平面）内的截面形状。

【第五步】3D 打印

通过各种 3D 打印技术，制成 3D 模型。

【第六步】去除支持

根据不同的成型方法，使用相应的方法去除支持材料。

【第七步】清理表面

通过打磨、抛光等手段清理表面残留材料，形成成品。

逆向数据采集

项目简介

逆向工程技术实现了设计制造技术的数字化，为现代制造企业充分利用已有的设计制造成果带来便利，从而降低新产品开发成本，提高制造精度，缩短设计生产周期。据统计，在产品开发中采用逆向工程技术作为重要手段，可使产品研制周期缩短 50% 以上。逆向工程的应用领域主要是飞机、汽车、玩具及家电等模具相关行业。近年来，随着生物、材料技术的发展，逆向工程技术也开始应用在人工生物骨骼等医学领域。

逆向设计作为企业新产品研发，老产品改型、优化设计的重要手段越来越受到企业的重视，掌握逆向设计各环节关键技术的人才成为企业追捧对象。全国 3D 大赛之"天远杯"逆向设计竞赛，以逆向工程为背景，整合三维测量、三维设计及产品优化、再设计、创新设计于一体。逆向设计竞赛已成为逆向工程领域人才培养标准制定的先行者。

逆向工程的概念产生于 20 世纪 80 年代末至 90 年代初。逆向工程又称反求工程，是新型工业国家的一条成长路径。相关研究表明，新兴工业国家的技术学习路径是由模仿做起，然后进入创造性模仿，直到最后的创新。以日本为例，第二次世界大战以后，日本实施赶超战略，走了一条引进技术、消化吸收、技术创新的发展道路。日本企业"把购进的先进机器设备或产品拆卸、分解，对其机理、材料等进行研究，结合自己的技术和工艺，研制出相当于原产品功能或更适用的产品来。通过对引进技术进行改进和革新以提高原有技术的效率"。近代日本的照相机、汽车等企业，通过实施逆向工程实现了对欧美企业的技术获取和技术赶超。韩国企业的技术学习路径也是如此，都是由模仿进入该产业。许多国家的企业正是依靠逆向工程从发达国家的领先企业处获取技术，以达到先进水平，最终实现赶超。

我国正处于产业升级和结构调整的关键历史时期，对先进技术的需求量很大，通过实施逆向工程学习先进的经验和技术，是提高我国产品技术含量、增强竞争力的一条有效途径。

从概念设计出发到最终形成 CAD 模型的传统设计是一个确定的明晰过程，而通过对现有零件原型数字化后形成 CAD 模型的逆向工程是一个推理、逼近的过程。逆向工程一般可分为 5 个阶段。

1. 零件原型的三维数字化测量

采用三坐标测量机（CMM）或激光、面结构光三维扫描等测量装置，测量采集零件原型表面点的三维坐标值，生成点云文件，使用逆向工程专业软件导入点云文件，进行点云数据处理。

2. 提取零件原型的几何特征

根据零件原型，按测量数据的几何属性，对点云进行分割，识别、匹配相应的几何特征，获取零件原型所具有的设计与加工特征。

3. 零件原型三维重构

将分割后的三维数据在 CAD 系统中分别进行曲面模型的拟合，并通过各曲面片的求交与拼接获取零件原型表面的 CAD 模型。

4. 改进创新

从产品的用途及零件在产品中的地位、功用进行原理和功能分析，对虚拟重构出的 CAD 模型进行分析，确保产品良好的人机性能，实施有效的改进创新。

5. 校验与修正 CAD 模型

CAD 模型构建好后，需要进行校验与修正，校验重建的 CAD 模型是否满足精度或其他试验性能指标的要求。使用重建的 CAD 模型加工出样品，重新测量，验证重建的 CAD 模型是否满足要求。对不满足要求者重复以上过程，直至达到零件的功能、用途等设计指标的要求。

逆向工程一般流程如图 2-1 所示。

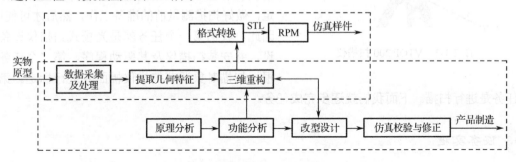

图 2-1 逆向工程一般流程图

任务 2.1 架设光栅式扫描仪

 任务引入

根据逆向工程一般流程可以知道，准确、快速、完备地获得产品的三维几何模型数据，是逆向工程的最关键技术，数据采集技术随着逆向工程的广泛应用而不断发展，从最初的接触式测量，发展到光学、磁学等非接触式测量及新近开发的组合测量等。如今用于数据采集的测量机种类繁多、测量精度、测量速度各不相同。因此，对于不同类型的实体及数据采集

的不同阶段选用测量机都应做到有的放矢，合理利用资源，以利用最低成本实现最优目标点采集。三维光学扫描仪的基本原理是把结构光栅投影到物体表面，物体表面形状不同让投射过来的光栅影线发生不同的变形，再利用两个工业相机获取相应图像，通过解析变形影线，就可获得图像上像素的三维坐标，形成密集的三维点云。三维光学扫描仪是目前三维形状测量中最好的方法之一，主要优点有测量范围大、速度快、成本低、携带方便、易于操作；缺点是精度相对较低，不适合扫描曲率大的表面，点云边界不清晰。尽管如此，基于结构光法的三维扫描仪仍被认为是目前测量速度和精度最好的扫描系统之一，特别是针对复杂面型的测量。微深、TOP 200 光学测量系统可以在 5s 内完成一幅 400 多万个像素点的图像测量，且精度达到 0.002mm，可以满足一般的工程需求。因此，在接下来的任务中，我们将使用 VTOP 200 扫描仪进行逆向数据的采集测量，要使用 VTOP 200 扫描仪，需先行了解 VTOP 200 扫描仪使用操作方法。下面，我们就进行光栅式扫描仪架设。

 任务分析

图 2-1-1　VTOP 200 扫描仪

VTOP 200 扫描仪由扫描系统、云台、机架底座 3 部分组成，如图 2-1-1 所示。其中，扫描系统由光机、相机及软件构成。

要完成逆向任务，需要使用扫描仪进行数据采集，对 VTOP 200 扫描仪硬件进行连接，安装扫描仪驱动程序，根据扫描对象选择幅面并进行标定，做好扫描测量前的准备工作，然后才可使用。因此，我们第一个任务就是光栅式扫描仪设备架设，并安装扫描仪及其驱动程序。第二个任务是根据扫描对象调节扫描仪幅面并进行标定。第三个任务是进行扫描。下面我们就逐步完成任务。

 任务实施

【Step1】扫描仪硬件组装

（1）打开行李袋，取出三脚架，安放好。
（2）安装机架底座及云台。
（3）安装扫描系统，装好后如图 2-1-1 所示。

【Step2】设备线束连接

三维扫描仪及转台线束连接方法示意如图 2-1-2 所示。
（1）连接 HDMI 线。
（2）连接电源线。
（3）连接相机线。

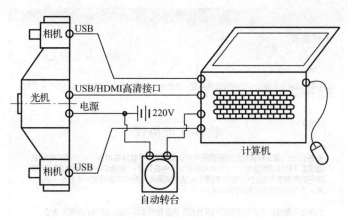

图 2-1-2 三维扫描仪及转台线束连接方法示意图

温馨提示

A. 计算机硬件配置：2GHz 及以上双核 CPU 处理器、1GB 独立显卡、带 HDMI 数据接口、4GB 内存、4 个 USB3.0 接口。

B. 操作系统：建议 Windows 7 及以上，64 位操作系统。

【Step3】扫描仪主驱动程序安装

（1）双击 Vtop 主程序安装包（VtopSoftSetup_x64），如图 2-1-3 所示；弹出"Vtop Studio"安装向导对话框，如图 2-1-4 所示；然后单击"下一步"按钮，弹出"许可协议"对话框，如图 2-1-5 所示。

| 500__2G_1GB&3GB | 2015/4/21 15:49 | 注册表项 | 6 KB |
| VtopSoftSetup_x64 | 2015/5/15 16:08 | Windows Install... | 20,017 KB |

图 2-1-3 Vtop 主程序安装包

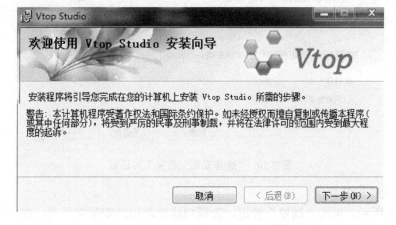

图 2-1-4 "Vtop Studio"安装向导对话框

图 2-1-5 "许可协议"对话框

（2）确认安装许可协议。

在"许可协议"对话框中选择"同意"按钮，单击"下一步"按钮，弹出"选择安装文件夹"对话框，如图 2-1-6 所示。

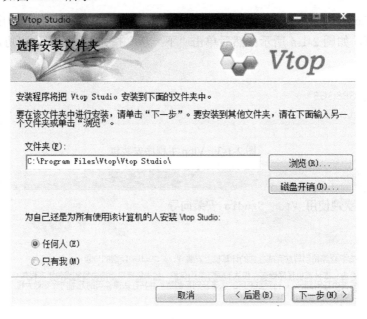

图 2-1-6 "选择安装文件夹"对话框

（3）选择文件安装目录。

如图 2-1-6 所示，单击"浏览"按钮，选择扫描驱动程序安装文件夹；在"为自己还是为所有使用该计算机的人安装 Vtop Studio"选项中选择"任何人"；然后单击"下一步"按钮，弹出"确认安装"对话框，如图 2-1-7 所示。

图 2-1-7 "确认安装"对话框

（4）确认安装。

在"确认安装"对话框中单击"下一步"按钮，开始安装程序，安装完成后弹出"安装完成"对话框，如图 2-1-8 所示，然后单击"关闭"按钮即完成主程序安装。

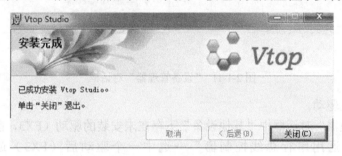

图 2-1-8 安装完成对话框

【Step4】扫描仪相机驱动程序安装

（1）检查相机线，确保已经连接成功。

（2）打开设备管理器。

把鼠标移动到"计算机"图标上→单击鼠标右键→弹出如图 2-1-9 所示的计算机管理快捷菜单→单击"管理"命令→弹出如图 2-1-10 所示的"计算机管理"对话框→单击"设备管理器"命令→弹出如图 2-1-11 所示的"设备管理器"对话框。

图 2-1-9 计算机管理快捷菜单

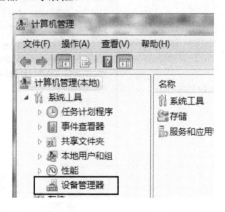

图 2-1-10 "计算机管理"对话框

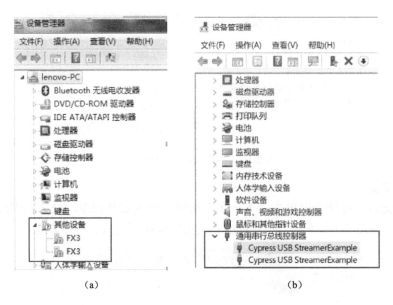

（a） （b）

图 2-1-11 "设备管理器"对话框

（3）安装相机驱动。

在"设备管理器"对话框中"其他设备"下存在未安装的驱动（FX3，前面带！表示没有安装驱动）或"通用串行总线控制器"→选中一个驱动后（FX3）或"Cypress USB StreamerExample"，单击鼠标右键→弹出如图 2-1-12 所示快捷菜单，单击"更新驱动软件"→弹出如图 2-1-13 所示的"更新驱动软件"对话框→点击"浏览计算机以查找驱动程序软件"→弹出如图 2-1-14 所示的"浏览计算机上的驱动程序"对话框，单击".浏览"计算机，找到驱动程序软，并且在"包括子文件夹"前打钩"√"，单击"下一步"→弹出如图 2-1-15 所示"等待驱动安装"对话框，等待程序安装→安装完成后，弹出如图 2-1-16 所示安装成功对话框，单击"关闭"，即完成一个相机驱动程序安装。

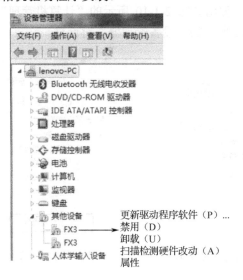

图 2-1-12 设备管理快捷菜单

项目2 逆向数据采集

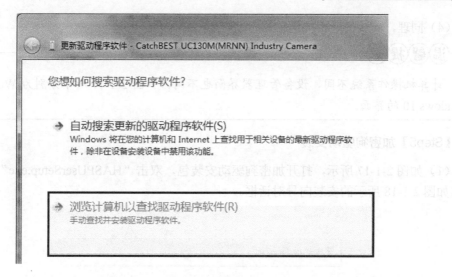

图 2-1-13 "更新驱动程序软件"对话框

图 2-1-14 "浏览计算机上的驱动程序文件"对话框

图 2-1-15 "正在安装驱动程序软件"对话框

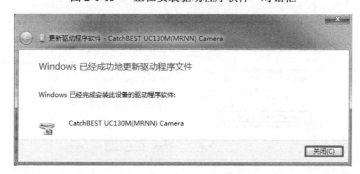

图 2-1-16 "Windows 已经完成安装此设备的驱动程序软件"对话框

41 | PAGE

（4）同理，安装另一相机驱动程序。

温馨提示

计算机操作系统不同，设备管理器界面也不同，如图 2-1-11 所示分别为 Windows 7 和 Windows 10 的界面。

【Step5】加密狗驱动安装

（1）如图 2-1-17 所示，打开加密狗驱动安装包，双击"HASPUserSetup.exe"安装文件，弹出如图 2-1-18 所示的安装向导对话框。

图 2-1-17　加密狗驱动安装包

图 2-1-18　安装向导对话框 1

（2）在图 2-1-18 中单击"Next"按钮，弹出如图 2-1-19 所示的许可协议对话框。

图 2-1-19　许可协议对话框

（3）确认安装许可协议。

在图 2-1-19 中，选择"I accept the license agreement"选项，然后单击"Next"按钮，弹出如图 2-1-20 所示的安装向导对话框，然后单击"Next"按钮。

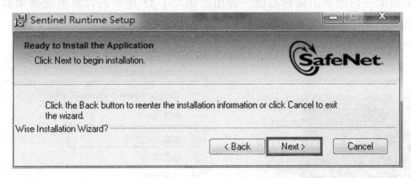

图 2-1-20　安装向导对话框 2

（4）等待几秒钟后，驱动安装成功，弹出如图 2-1-21 所示的安装成功对话框，单击"Finish"按钮，即完成安装。

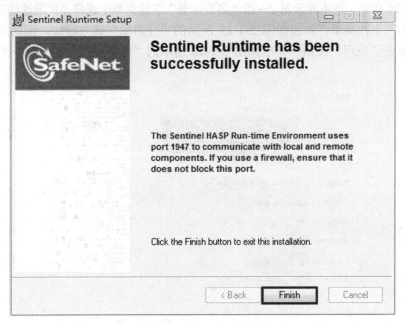

图 2-1-21　安装成功对话框

温馨提示

安装成功以后，发现 Vtop 软件打不开怎么办？检查如下步骤：

A. 检查加密狗是否插好。

B. 检查加密狗的驱动是否已安装到最新版本。

C. 是否机器试用期已满。

【Step6】屏幕分辨率设置

（1）检查 HDMI 数据线是否插好，HDMI 接口如图 2-1-22 所示。

（2）在桌面上空白处单击鼠标右键→弹出如图 2-1-23 所示的计算机快捷菜单→选中"屏幕分辨率"命令→弹出"更改显示器的外观"对话框。

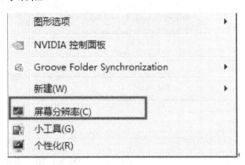

图 2-1-22　HDMI 接口　　　　　　　图 2-1-23　计算机快捷菜单

（3）修改 HDMI 上显示设置。

如图 2-1-24 所示，选中显示器 2→在"多显示器"下拉菜单中选择"扩展这些显示"选项→单击"分辨率"下拉菜单，弹出如图 2-1-25 所示的"分辨率"调节滑块；拖动滑块，设置成1280×768→单击"应用"按钮→弹出如图 2-1-26 所示的"显示设置"对话框→单击"保留更改"按钮。

图 2-1-24　"更改显示器的外观"对话框

（4）设置屏幕（计算机屏幕）分辨率。

如图 2-1-27 所示，在"更改显示器的外观"对话框中选中"显示器 1"→在屏幕 1 的"分辨率"下拉菜单中设置分辨率为推荐分辨率（根据计算机的型号而确定），并且勾选"这是您当前的主显示器"复选框，使它成为主显示器，单击"确定"按钮，完成分辨率设置。

更改显示器的外观

图 2-1-25　"分辨率"调节滑块

图 2-1-26　"显示设置"对话框

图 2-1-27　计算机屏幕显示器设置

⟨温⟩⟨馨⟩⟨提⟩⟨示⟩

　　屏幕分辨率设置不合适，会出现黑屏。因此，出现黑屏时，可以先检查 HDMI 输出线是否连接完好，再设置分辨率。在屏幕 2 的"分辨率"下拉菜单中设置推荐分辨率（A 型机器默认为 1280×768，B 型机器默认为 1024×768）。

　　再次检查线路连接，确保设备正常。

【Step7】初始化参数

（1）打开软件 Vtop，导入注册表。

打开安装包，双击参数设置注册表图标 200B.reg，如图 2-1-28 所示；弹出如图 2-1-29 所示的"注册表编辑器"对话框，单击"是"按钮，添加注册表，添加成功后出现如图 2-1-30 所示的对话框。单击"确定"按钮，完成注册表导入。

名称	修改日期	类型	大小
Config	2013/11/14 18:15	文件夹	
driver	2013/10/12 10:34	文件夹	
200B.reg	2013/11/14 17:13	注册表项	6 KB
VtopSoftSetup_x64.msi	2013/11/14 18:11	Windows Install...	12,646 KB

图 2-1-28　注册表文件

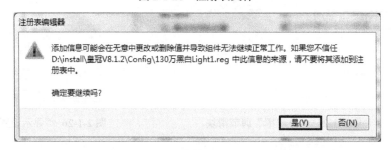

图 2-1-29　"注册表编辑器"对话框

图 2-1-30　完成注册表导入对话框

（2）重启软件，初始化参数。

可以从 Vtop studio 软件主界面→工具→恢复参数默认设置中导入，如图 2-1-31 所示。

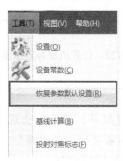

图 2-1-31　"恢复参数默认设置"命令

温馨提示

新安装软件或者更换扫描仪型号后，需要恢复参数默认设置。

温馨提示

相机打不开怎么办？检查步骤如下：
A. 检查相机连接线是否插好，USB 接口是否牢靠。
B. 在设备管理器里查看相机的驱动是否正常安装。

至此，我们已经准备好驱动软件和硬件连接，可以根据扫描对象调整幅面大小进行扫描了。

相关知识

人类观察到的世界是三维世界，科研人员一致积极探索准确获取客观世界三维信息的有效途径。信息时代，三维信息采集和处理技术体现了人们对客观世界的把握和表示能力，它是机器视觉和人工智能技术发展的一个重要标志。

随着科学技术和工业生产的快速发展，产品外观设计趋向个性化和艺术化，自由曲面变多，加工制造周期缩短，对产品加工和测量精度的要求更加严格，如何快速、准确地测量自由曲面甚至异形产品的三维信息，是广大三维技术研究者遇到的难题。

三维扫描测量可以分为接触式和非接触式两类。

1. 接触式三维扫描测量

接触式三维扫描采用探测头直接接触物体表面，通过探测头反馈回来的光电信号转换为数字深度信息，从而实现对物体形貌扫描和测量。它的优点是测量精度高，适应性强，但致命弱点是测量速度慢，测量效率低、价格高，而且对一些软质表面物体，由于形变的原因无法进行准确测量。

接触式测量包括：三坐标测量机（CMM）和层析法等测量方式。三坐标测量机是基于坐标测量的通用化数字测量设备，其应用最广。

三坐标测量机（Coordinate Measuring Machining，CMM）是 20 世纪 60 年代发展起来的一种新型高效的精密测量仪器。它的出现，一方面是由于自动机床、数控机床高效率加工及越来越多复杂形状零件加工需要有快速可靠的测量设备与之配套；另一方面是由于电子技术、计算机技术、数字控制技术及精密加工技术的发展为三坐标测量机的产生提供了技术基础。三坐标测量机是典型的机电一体化设备，它由机械系统和电子系统两大部分组成。

1）机械系统

机械系统一般由 3 个正交的直线运动轴构成，如图 2-1-32 所示，X 向导轨系统装在工作台上，移动桥架横梁是 Y 向导轨系统，Z 向导轨系统装在中央滑架内。3 个方向轴上均装有光栅尺，用于度量各轴位移值。人工驱动的手轮及机动、数控驱动的电机一般都在各轴附近。用来触测被检测零件表面的探测头装在 Z 轴端部。

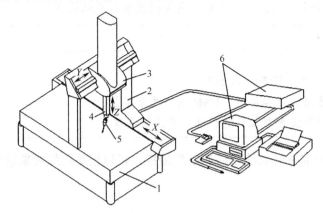

1—工作台；2—移动桥架；3—中央滑架；4—Z 轴；5—探测头；6—电子系统

图 2-1-32　三坐标测量机的组成

2）电子系统

电子系统一般由光栅计数系统、探测头信号接口和计算机等组成，用于获得被测坐标点数据，并对数据进行处理。

3）CMM 的工作原理

它首先将各被测几何元素的测量转化为对这些几何元素上一些点集坐标位置的测量，在测得这些点的坐标位置后，再根据这些点的空间坐标值，经过数学运算求出其尺寸和形位误差。要测量工件上一圆柱孔的直径，可以在垂直于孔轴线的截面内，触测内孔壁上 3 个点（点 1、点 2、点 3），根据这 3 个点的坐标值就可计算出孔的直径及圆心坐标 OI；如果在该截面内触测更多的点（点 1，点 2，…，点 n，n 为测点数），则可根据最小二乘法或最小条件法计算出该截面圆的圆度误差；如果对多个垂直于孔轴线的截面圆（I，II，…，M，M 为测量的截面圆数）进行测量，则根据测得点的坐标值可计算出孔的圆柱度误差及各截面圆的圆心坐标，根据各圆心坐标值又可计算出孔轴线位置；如果再在孔端面上触测 3 个点，则可计算出孔轴线对端面的位置度误差。因此，CMM 的这一工作原理使得其具有很大的通用性与柔性。从原理上说，它可以测量任何工件的任何几何元素的任何参数。

2. 非接触式三维扫描测量

非接触式三维扫描测量还可以分为被动式和主动式两类。

被动式扫描，本身不主动投射光，而是依靠测量环境中的背景光，直接利用灰度变化、视差的几何信息来进行三维测量。常见的方法有阴影恢复形状法（Shape From Shading，SFS）、光度立体法（Photometric Stereo）、立体视差法（Binocular Stereo Vision）等，这类方法主要适用于被测物体细节要求不高的场合，工业视觉测量应用较少。

主动式扫描是通过光源装置投射光（如点、线、面结构光和激光等）射到物体表面，通过物体表面的空间或时间光场调制，经过图像传感器（简称相机）接收，运用空间光路几何关系和图像传感器成像模型进行计算，达到测量物体表面三维信息的目的。常见的方法有激光扫描法、傅里叶变换轮廓术、相位测量轮廓法和飞行时间法等。其中相位测量轮廓法是通过具有相位差的多幅光栅条纹图像计算出相位值，然后利用光源与图像传感器相对位置，计算物体形貌的三维坐标。这类测量方法的精度高，工业应用广，目前研究主要集中在精度的提高上。

不同方式的三维扫描技术都具有特定的测量使用场合和范围，按照扫描使用的介质，可以分为激光线扫描和面结构光扫描；按照扫描范围和便携性，可以分为支架式三维扫描（如图 2-1-33 所示）和手持式三维扫描（如图 2-1-34 所示）；按照投射光栅的光源，可以分为白光三维扫描（如图 2-1-35 所示）和蓝光三维扫描（如图 2-1-36 所示）。

图 2-1-33　支架式三维扫描

图 2-1-34　手持式三维扫描

图 2-1-35　白光三维扫描

图 2-1-36　蓝光三维扫描

相比于普通的非接触式激光（点、线）扫描和接触式测量（主要是机械三坐标测量机 CMM）技术，三维非接触式面结构光扫描测量技术具有操作简单、测量速度快、精度高等巨大优势，是在先进制造技术和创新创意设计领域中应用广泛的一项技术。面结构光扫描测量技术作为一类典型的相位测量轮廓法，与传统的激光扫描仪和三坐标测量系统比较，测量速度提高数十倍。通过控制整体拼接误差，测量精度也大幅提升，其独特的流动便携式设计和精准的算法原理，使扫描工件变得高效、轻松和容易。

面结构光三维测量系统的测量原理如图 2-1-37 所示，光源经过投射系统将光栅条纹投射到被测物体上，经过被测物体形面调制形成测量条纹，由相机采集测量条纹图像，进行解码和相位计算，最后利用外极线约束准则和立体视觉技术获得测量曲面的三维数据。

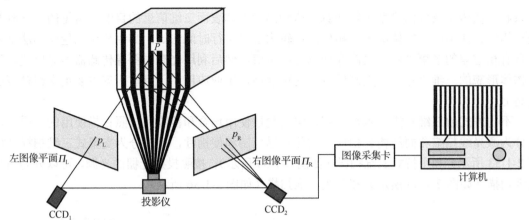

左图像平面 Π_L　　　p_L　　　　　　　p_R　右图像平面 Π_R　图像采集卡　计算机

CCD$_1$　　投影仪　　CCD$_2$

图 2-1-37　面结构光三维测量系统的测量原理

　　面结构光三维测量系统主要由 5 部分组成：图像采集、相机标定、特征提取、立体匹配、三维点云计算和处理。

3．三维扫描的应用

　　面结构光三维扫描技术在汽车制造、模具制造、文化创意、雕刻行业和医学领域等方面有广泛的应用前景。

1）汽车制造行业

　　三维扫描综合解决方案能够帮助汽车整车与部件制造商达到更高的品质标准，最大限度满足汽车消费者的需求。

　　（1）汽车全车扫描、逆向设计。

　　对油泥车模进行快速扫描，配合数字测量系统工作，不但可以获取整车高质量点云数据，而且局部细节控制清楚，方便后续 A 级曲面的设计。全车三维扫描解决了传统的龙门式三坐标测量机设备成本高，测量耗时的问题，现已成为多数设计院汽车测绘的标准工作方法。三维扫描系统可以在对汽车进行快速扫描后，对扫描数据进行二次处理，得到汽车关键位置几何参数，成为配件和外形设计的主要依据，从而缩短汽车部件设计开发周期，降低企业研发投入和成本，增强企业的市场竞争力。

　　（2）汽车部件装配检测。

　　三维扫描系统能够对汽车进行装配检测，尤其是对使用传统手段难以检测的自由曲面更加有效。在对整车或者部件进行扫描后，导入专业质量检测软件进行尺寸检测，生成的色差分析图和误差分析报告能够更直观了解误差。这种自由曲面的三维检测方式节省了人力和时间，让制造商快速生产出精度高、质量可靠的汽车配件，满足客户的需求。

　　（3）汽车配件生产。

　　三维扫描系统能在极短的时间内，对结构复杂、曲面较多的配件或者难以成型的大型汽车样件进行快速扫描，制造出高精细度的产品。利用三维数据可以对原有数模进行分析检测，最大限度保证配件及模具的质量；利用三维数据进行逆向建模，可以提高设计师的工作效率和设计质量，从而保证模具的生产时间。

2）模具制造行业

三维扫描系统在模具制造行业有广阔的应用市场。伴随工业产品的外观设计、改型和创新越来越迅速，客户对模具逆向设计的需求也越来越专业。三维扫描系统可以提取高质量的点云数据，进行处理后将其转化为 CAD 模型，实现三维重建，完成模具设计制造过程。在制作大型模具方面，可以试制白泡沫模型，并通过三维扫描系统进行检测来验证模具制造水平，减少再设计时间，避免了大型模具制造中，一旦出现问题报废时带来的巨大浪费。

在模具修复领域，制造商大批量生产会导致模具磨损，进而使产品的误差越来越大。使用三维扫描系统对模具进行扫描，与模具的 CAD 图纸进行精度对比，得到偏差和磨损的具体位置，可以减少设计人员额外的模具修复时间，提高模具效益，优化生产效率。

在模具检测领域，制造商可以在成型阶段利用三维扫描数据进行质量评估。根据检测软件生成误差分析和数据报告，纠正模具或者生产中的缺陷，及时反馈到模具设计和加工中，节约生产成本，提高制造效率。

3）文化创意行业

中华文化博大精深，每件文物都承载着中华民族生生不息的灿烂历史，既是国家重要的珍宝又是文物工作者的研究资料。针对文物保护应用领域，使用三维真彩纹理贴图和彩色纹理自动拼接等全新的适用于文物扫描的技术，对历史文物进行测量、建模，在计算机中重现文物的原貌，最终完成文物数字归档整理工作。

（1）考古现场三维扫描。

三维扫描系统对考古现场、考古的环境进行扫描，不仅可以得到三维立体的现场文档，而且可为文物保护、遗址恢复建立真实的三维数字模型，记录考古现场的现状，为日后的研究提供最全面的数字三维资料。

（2）文物修复和复制。

三维扫描系统扫描的文物，经过工作人员的建模与修复，可还原文物本来面目，可以通过软件对一些已损坏的文物进行复原和修补，省去修复过程中对文物的次生损害，基于三维数据进行文物复制比传统石膏翻模更精确和便捷。如图 2-1-38 所示为雕龙修复。

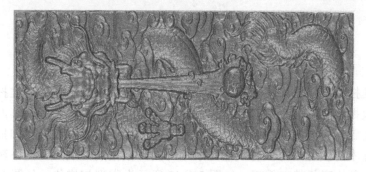

图 2-1-38 雕龙修复

（3）文物数字化衍生品。

三维扫描系统得到三维文物数据，可以进行等比例放大或缩小，甚至是修改与重新设计，在不对文物造成损坏的情况下完成数据衍生品的设计与制造，可作为纪念品卖给参观者，既提升了三维文物数据的商业价值，又增进公民的文化认同感。

（4）虚拟文物三维展示。

三维扫描系统对文物全方位的扫描，真彩色纹理重构技术使得文物能够在网上展示出来，为游客还原出一个栩栩如生的三维博物馆场景，增强了文物展示的真实感和写实性。目前三维扫描系统已广泛应用于创建数字博物馆、文物真伪检验及文物产业化的领域。

4）雕刻行业

现有雕刻设计软件功能有限，有时设计师的想法不好实现，特别是复杂曲面出现时，设计师需要试雕或者在平面上设计。利用三维扫描仪扫描的数据，设计师可以进行再创新设计，从而降低整个雕刻设计的难度，缩短设计周期，提高了雕刻生产效率，为企业创造了可观的利润。三维扫描系统特别适用于木雕、石雕、玉雕、橄榄核雕、竹雕和牙雕等众多雕刻行业。对有快速仿制需求和难于造型的复杂曲面，采用三维扫描系统配合雕刻机使用是最佳的技术解决方案。

5）医学领域

利用牙齿三维扫描仪可以快速、准确、全面地获取牙齿三维数据及上下颌关系，结合辅助设计软件和数控加工设备可以将牙齿模型制作出来，改变已有的牙齿修复工作流程，缩短设计制造周期，提高义齿制作精度，带来更高、更快速的用户体验，如图2-1-39所示。

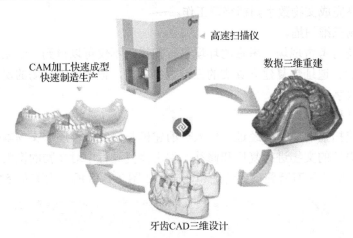

图 2-1-39　牙齿三维扫描仪

成熟的三维扫描技术已应用到人体工程学、整形医学领域。通过三维扫描系统，能够采集人体三维数据，为部队、医院等单位进行三维身体数据建档，为后续的个体定制化服务打下良好的基础。三维扫描系统可以直接用于假肢、整形等三维数据扫描服务中，医生基于该数据进行术前演练，可以有效缩短手术时间，根据病人病灶对症下药、个性化确定治疗方案，为患者的康复带来希望。如图2-1-40所示为脚型扫描仪。如图2-1-41所示为高速人体扫描仪。

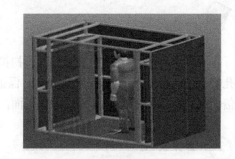

图 2-1-40 脚型扫描仪 图 2-1-41 高速人体扫描仪

目前，中国市场上常见的商用扫描系统是德国 GOM 公司的 ATOS、微深科技 VTOP 200、杭州先临三维和北京天远等面结构光三维扫描系统。在 20 世纪 90 年代中期，国内面结构光扫描方法的科学研究也开展起来，主要集中在清华大学、天津大学、北京航空航天大学、华中科技大学、西安交通大学和上海交通大学等高校和相关厂商，研究领域包含了先进制造技术、快速成型、精密仪器和机器视觉等专业。经过国内科技人员多年不断的努力，国产扫描技术已经接近或达到国际同类产品技术水准。

 课后拓展

（1）了解各种三维测量设备。
（2）了解三维扫描仪原理。
（3）熟悉三维扫描仪安装调试。

任务 2.2 扫描仪幅面调节

 任务引入

扫描仪所能够支持的采集范围决定了采集数据的分辨率和工作效率。对于小物体需要采用小范围采集幅面以提高分辨率，保证采集数据的质量；对于大物体需要大范围的采集幅面来保证效率，幅面过小，不仅影响采集效率，同时影响数据拼接的精度；VTOP 200 产品支持 80×60～800×600 之间无级可调的采集范围，可以根据测量精度要求，选择扫描幅面。针对大件物体，可先用大幅面进行扫描，然后针对细节部位用精度更高的小幅面进行扫描，最后把扫描的数据组合在一起，达到精简有致的效果，既保证全局精度，又突出局部细节。采用多分辨率组合扫描方式，对于大部件的细节和孔位，仍然保证高分辨率和高精度。相对于只支持单一采集范围的扫描仪设备，性能出色；但相对来说，操作增加了难度，需要根据扫描对象来进行扫描仪幅面调节。

任务分析

我们第一个扫描任务是标准块的扫描。标准块大小大约 75mm×75mm×50mm，而且没有小孔等细节特征，为了提高扫描效率，保证扫描精度，一般幅面设置尺寸大于等于扫描对象 1.5 倍；在此，我们选择 150 的幅面。下面，根据选定幅面进行调节，调定扫描幅面为150mm。

任务实施

【Step1】选择幅面

根据模型扫描精度选择合适的幅面，选择 150 的幅面。

【Step2】在光机上加光圈

由于选择的幅面较小，在光机上加上镜头光圈，光圈如图 2-2-1 所示。

图 2-2-1　镜头光圈

（温馨提示）

当扫描幅面≤150mm 时，需在光机镜头前加光圈。

【Step3】打开光机

如图 2-2-2 所示，打开光机开关。

光机开关

图 2-2-2　光机

【Step4】打开相机

在计算机桌面上双击 Vtop Studio 快捷图标 Vtop，出现如图 2-2-3 所示的开机界面。单击工具中预对焦图标，出现如图 2-2-4 所示的预对焦界面；单击相机开关图标，在 Vtop 软件中打开相机，如图 2-2-5 所示。

图 2-2-3　开机界面

图 2-2-4　预对焦界面

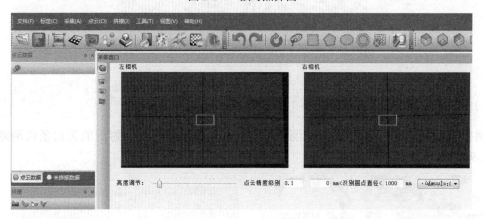

图 2-2-5　打开相机

【Step5】调整物距

1）投影光栅

将扫描仪正对白色平面，光栅投射到白墙上（墙面平整），为了更易识别，可在投影平面上粘贴标记点，如图 2-2-6 所示。

图 2-2-6　投影光栅

2）测量幅面

前后移动扫描仪，调整扫描仪与平面的距离，测量投射幅面，使在平面上投射幅面大于150mm（根据扫描物体设定幅面大小），如图 2-2-7 所示。

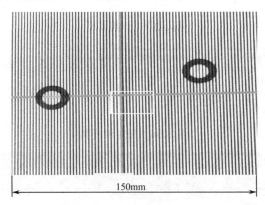

图 2-2-7 测量幅画

3）调光圈

调整光机的光圈（如图 2-2-8 所示），使投射光栅清晰，即投射出的黑白条纹清晰，如图 2-2-9 所示。

图 2-2-8 调整光圈

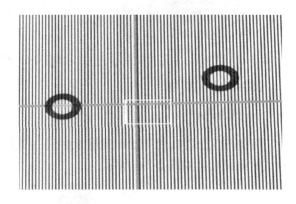

图 2-2-9 投射黑白条纹清晰

4）测量物距

此时不能再移动扫描仪的位置，用卷尺测量投射平面到光机前端面的距离，即物距，记录测量距离，如图 2-2-6 所示。

【Step6】调节相机距离并锁紧

1）计算相机距离

如图 2-2-10 所示，单击 Vtop 软件菜单中的"工具"→"基线计算"，弹出"基线计算"对话框，如图 2-2-11 所示。

图 2-2-10 选中"基线计算"命令

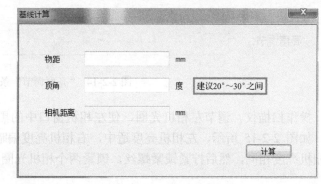

图 2-2-11 "基线计算"对话框

相机"顶角"一般设置在 20°～30°之间，因此我们设置两相机顶角为 25°。在图 2-2-11 中"顶角"一栏输入 25；将测得的物距输入"物距"一栏；单击"计算"按钮，系统自动计算出两相机之间的距离。

2）以光机中轴为基准，调单个相机距离

将左（或右）相机与光机中轴距离调整为上步计算所得"相机距离"的 1/2，并且注意使两相机尽量对称。

3）调整相机窗口

保证相机距离不变，以相机固定点为旋转中心，分别调节相机的上下俯仰角度和左右旋转角度，使投射窗口中十字线位于相机小矩形框的中间，如图 2-2-12 所示。

同时观察软件中相机是否对准投射对焦标志中心，如图 2-2-13 所示。固定锁紧螺丝。同理调整另一相机，同时观察是否对称，进行微调。

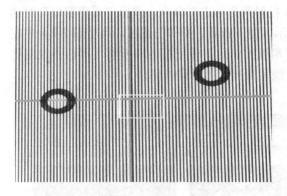

图 2-2-12 投射窗口

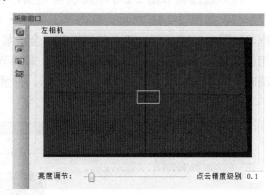

图 2-2-13 左相机窗口

【Step7】调节亮度

操作计算机 Vtop 软件，单击软件中预对焦图标，投射黑白条纹，将相机窗口下方的"亮度调节"条由左向右调 3 格（可使用键盘的箭头按键进行操作），如图 2-2-14 所示，保证软件中亮度条在 3 的位置，以便于后期软件上可调。

亮度调节：

图 2-2-14　"亮度调节"条

操作扫描仪，调节左相机光圈，使左相机窗口中的黑白条纹清晰并且对比强烈，明暗适中。如图 2-2-15 所示，左相机亮度适中，右相机亮度偏暗。同理，调节右相机光圈，使左、右相机亮度相同，然后拧紧锁紧螺丝，锁紧两个相机光圈调焦环。

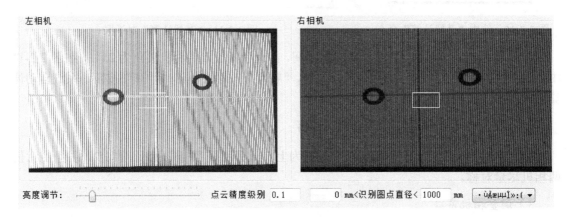

图 2-2-15　亮度调节

【Step8】调节相机清晰度

（1）通过调节图 2-2-8 中相机前光圈，使相机进光量适当加大。

（2）如图 2-2-16 所示，单击"工具"→"投射对焦标志"命令，弹出"采集窗口"对话框，如图 2-2-17 所示；双击左相机窗口全屏显示以便于查看。操作扫描仪，调节图 2-2-8 中左相机调焦环（相机外环——调清晰度）来调节相机的焦距，使相机的清晰度（黑白条纹对比清晰）达到最佳状态，如图 2-2-18 所示。拧紧锁紧螺丝，锁紧调焦环。

同理，双击右相机，调节其清晰度。

图 2-2-16　"投射对焦标　　　　　图 2-2-17　"采集窗口"对话框
　　　　志"命令

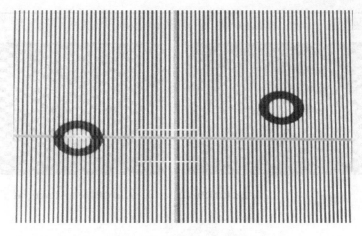

图 2-2-18 左相机清晰条纹图

温馨提示

相机外环调清晰度，相机内环调亮度。

调节清晰度时，可适当增大光圈使对焦标志明显。

如果遇到小幅面无法调到最清晰的状态时，可装上附带的镜头光圈（见图 2-2-1）。

投射对焦标志不能满足作为清晰度参考时，可在投射面上贴一个标记点。

【Step9】预对焦

操作计算机 Vtop 软件，在预对焦状态下，双击左相机（或右相机），如图 2-2-19 所示，使预览窗口放大，便于查看单侧镜头清晰度。如果条纹不清晰，则分别调整两相机对焦清晰度并锁紧调焦环。软、硬件都在最佳位置后锁紧，此时相机内环不可再调，并关闭光栅电源。

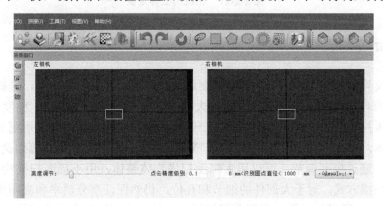

图 2-2-19 预对焦

关闭光栅电源，取出标定板放正（垂直、水平），插上标定板电源；移动扫描仪对准标定板，使标定板中心点在相机矩形框内，如图 2-2-20 所示；双击左相机（或右相机）使之全屏显示（如图 2-2-21 所示），调节光圈和调焦环，使左、右相机能清晰显示标定板上的数字。至此，幅面调节完成，固定硬件锁紧螺丝，锁定软件"亮度调节"滑块，准备进入下一步标定环节。

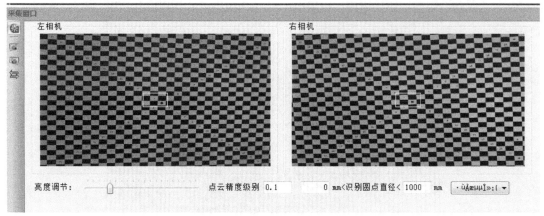

图 2-2-20　左、右相机显示

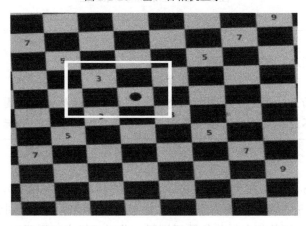

图 2-2-21　相机所显标定板

一般扫描仪只有一种幅面，无须进行幅面调节，根据所扫描物件大小，选择扫描仪型号，使之匹配。因而一般扫描仪使用范围有限，大幅面扫描仪扫描小件物体，精度不高，难以满足精度要求，所扫描点云数据排列不规则（一般有效点云数据点排列比较规则）；小幅面扫描仪扫描大件物体，拼接困难，整体较难把握。VisenTOP 三维扫描仪虽然幅面调节比较麻烦，但一台扫描仪，通过幅面调节，可以用大幅面扫描物体整体，用小幅面扫描物体局部特征；多分辨率组合扫描方式，对于大部件的细节和孔位，仍然保证高分辨率和高精度。

VisenTOP 另有四目扫描仪，采用两组相机，支持自由切换多个采集范围，无须再次标定和修改任何参数即可组合扫描；针对大件物体可先用大幅面扫描仪扫描，然后针对细节部位用精度更高的小幅面扫描仪扫描，最后把扫描的数据组合在一起，达到精简有致的效果，既保证全局精度，又突出局部细节。组合扫描是指分别用幅面大小不同的扫描仪对同一个物体进行扫描。组合扫描，实现精密花纹的高精度扫描、整体结构无漏洞完整扫描，如图 2-2-22 所示。先采用大幅面扫描茶壶整体，然后用小幅面扫描茶壶的局部花纹和铭文，突显局部花纹和铭文细节，如图2-2-23所示。

图 2-2-22 组合扫描

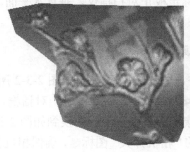

图 2-2-23 局部细节特征

（1）训练三维扫描仪幅面调整，掌握一款扫描仪幅面调节操作。

（2）为铣刀片扫描做准备，将扫描仪幅面调整为 80mm×80mm。

（3）为扫描做准备，将扫描幅面调整为 300mm×300mm。

任务 2.3 扫描仪标定

机器视觉测量中，被测物体表面一点的三维几何位置与其成像中的对应点之间的相互关系是由相机成像几何模型所决定的，模型的参数就是相机参数，通常确定这些参数的过程就

被称为相机标定。首次使用扫描仪之前、重新组装扫描仪之后、扫描仪经受强烈震动之后、更换镜头之后、多次拼接失败之后、扫描精度降低之后，出现上述情况之一，都需要对扫描仪进行重新标定。标定的好坏程度决定扫描精度，因此，我们需要学会扫描仪标定。

标定所用到的硬件有扫描仪、标定板、加密狗；软件有扫描仪自带的 Vtop 软件。

打开 Vtop 软件需要使用加密狗，因此我们先要取出标定板，接上电源；检查加密狗是否插好；然后打开 Vtop 软件，应用相机对标定板 5 个位置进行拍照检测，最后确定相机参数。下面，我们按标定实施步骤进行操作。

【Step1】摆放标定板

图 2-3-1　标定板摆放

从行李箱（扫描仪及附件一般收纳在行李箱中）中取出标定板，插上标定板的电源。将标定板正对扫描仪，垂直水平面，如图 2-3-1 所示。

【Step2】打开相机调定中心

（1）打开 Vtop 软件，Vtop 软件工具条如图 2-3-2 所示，单击工具条中的"标定"图标，弹出"标定窗口"对话框，如图 2-3-2 所示；单击最下方"采集窗口"选项卡，切换到如图 2-3-4 所示的采集窗口。单击工具栏中的"相机开关"图标，确保相机在打开状态。相机在关闭状态时，左、右相机将无显示。

图 2-3-2　Vtop 软件工具条

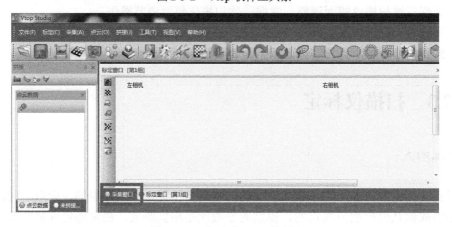

图 2-3-3　"标定窗口"对话框

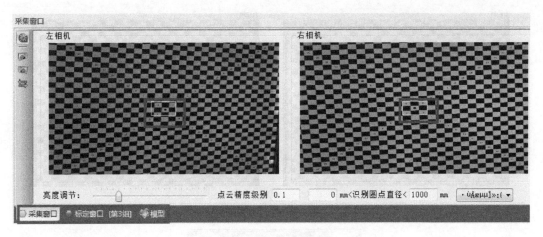

图 2-3-4　采集窗口

（2）移动标定板或扫描仪，调节前后距离及仰俯角，观察如图 2-3-4 所示窗口中左、右相机的显示，使标定板中心黑点在白色矩形框中（左、右相机黑点均在白色矩形框中）。可以双击左相机或右相机，放大查看。

【Step3】对标定板 5 个位置拍照进行 5 组图像采集

1）第一组图像采集

（1）单击图 2-3-4 窗口中最下端"标定窗口"选项卡，将窗口切换到如图 2-3-5 所示的标定窗口。

图 2-3-5　标定窗口

单击"拍照"图标 ，采集第一组图像，拍摄结果如图 2-3-6 所示。

（2）然后单击"切换到下一幅"图标 ，弹出如图 2-3-7 所示的对话框，单击"是"按钮进入下一组数据采集。

图 2-3-6　第一组图像拍摄结果

图 2-3-7　"进行下一组？"对话框

2）第二组图像采集

（1）改变标定板的旋转角度，向上偏转到极限位置，如图 2-3-8 所示。

向上旋转标定
板到极限位置

图 2-3-8　向上旋转标定板

（2）单击图 2-3-5 窗口最下端"采集窗口"选项卡，将窗口切换到"采集窗口"，观察窗口中左、右相机的显示。

（3）调整标定板与扫描仪之间的距离及仰俯角，使标定板中心黑点在白色矩形框中（左、右相机黑点均在白色矩形框中，可以双击左相机或右相机，放大查看）。

（4）单击图 2-3-4 窗口中最下端"标定窗口"选项卡，将窗口切换到"标定窗口"。

（5）单击"拍照"图标，采集第二组图像；然后单击"切换到下一幅"图标，弹出如图 2-3-7 所示的对话框，提示当前是第几组，询问是否"进行下一组？"，单击"是"按钮进入下一组数据采集。

3）第三组图像采集

改变标定板的旋转角度，向下偏转到极限位置，使之与水平面约成 75° 夹角。重复第二组图像采集中的步骤（2）至步骤（5）。如图 2-3-9 所示为进入下一组提示。

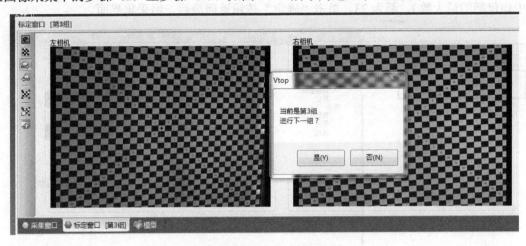

图 2-3-9 第三组图像采集完毕

4）第四组图像采集

旋转标定板的角度，使之与水平面垂直。向左旋转标定板底座，使之与 XZ 平面成 25° 夹角，如图 2-3-10 所示。重复第二组图像采集中的步骤（2）至步骤（5）。

5）第五组图像采集

旋转标定板的角度，使之与水平面垂直。向右旋转标定板底座，使之与 XZ 平面约成 25° 夹角，如图 2-3-11 所示。重复第二组图像采集中的步骤（2）至步骤（5）。

图 2-3-10 向左旋转标定板

图 2-3-11 向右旋转标定板

完成 5 组图像采集后，我们进入角点检测。

温馨提示

在拍摄前，先切换到"采集窗口"，观察所拍画面是否包含相同点数（标定板上最大数）。

【Step4】设置标定板参数

进入角点检测前，需要进行标定板有效参数设置。如图 2-3-12 所示，单击"工具"→"设置"命令，弹出"设置"对话框设置标定板参数，如图 2-3-13 所示。默认设置"格长"为 6mm，"格宽"为 4.5mm，"行数"和"列数"根据采集的 5 幅图像边框选取最大值（拍摄的 5 幅图像中均包括的最大数），都为 23。单击"确定"按钮返回最后一组采集界面。

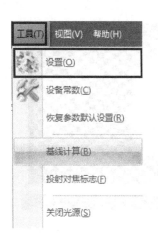

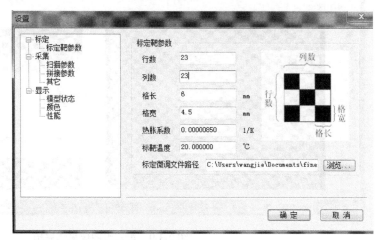

图 2-3-12　"设置"命令　　　　　　　　图 2-3-13　"设置"对话框

【Step5】角点检测

1）选择角点

（1）拍摄完成后界面如图 2-3-14 所示，即第五组采集界面，移动鼠标到左相机采集区域。

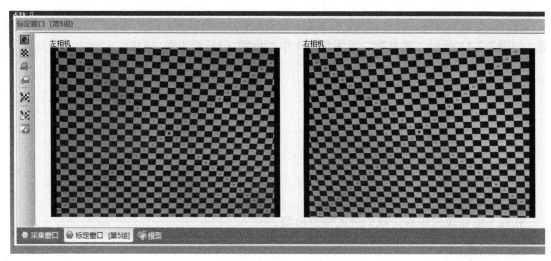

图 2-3-14　第五组采集界面

（2）双击鼠标左键，使左相机采集界面放大。

（3）移动鼠标到所设行、列最大数值处，单击鼠标左键，即选中该点，单击 4 个角点，如图 2-3-15 所示。角点为行数值和列数值组成的四边形的顶点，即边角 4 个黑格的内顶点。

双击鼠标左键可退出最大化返回原界面。

（4）同理，移动鼠标到右相机采集区域，双击鼠标左键，使右相机采集界面放大，选择右相机界面上4个角点。

（5）左、右相机中4个角点均完成选择后，单击"标定"工具条中的"角点检测"图标，如图2-3-16所示，进入角点检测。

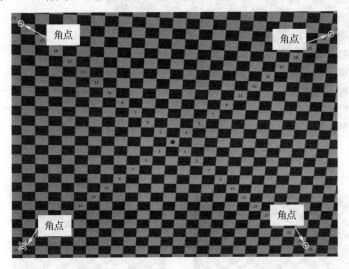

图2-3-15 选择角点

图2-3-16 "标定"工具条

右侧工具条标注：拍照图像采集、角点检测、切换到下一幅、切换到上一幅、标定、重新标定、收起标定窗口

2）角点检测

（1）单击"角点检测"图标后，计算机进行"角点"计算，角点检测结果如图2-3-17所示，4个角点所围区域内布满红点。

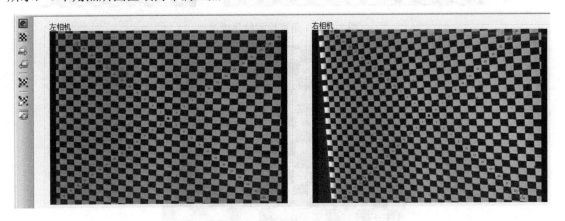

图2-3-17 角点检测结果显示

（2）双击左（或右）相机区域，观察角点分布规律（每个角点都有红色十字），角点的排列整齐，如图2-3-18所示，角点检测结果正确。

如果出现如图2-3-19所示角点排列不整齐，则说明角点检测结果错误。双击放大后显示结果如图2-3-20所示，需要进行检查，根据温馨提示，逐一排查错误原因并修正。

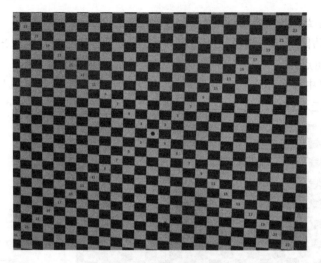

图 2-3-18　角点检测结果正确

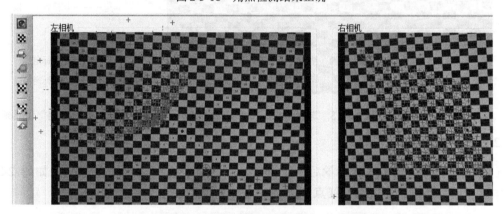

图 2-3-19　角点检测结果错误

图 2-3-20　双击放大显示

（3）单击"标定"工具条中的"切换到上一幅"图标 ，重复上述角点选择和角点检测步骤，完成剩余 4 幅图像的角点检测。

【Step6】标定

单击"标定"工具条中的"标定"图标 ，进行系统标定。标定完成后，系统弹出标定成功的通知，如图 2-3-21 所示。单击"标定"工具条中的"收起标定窗口"图标 ，收起标定窗口。完成标定后，就可以进行测量对象数据扫描了。

图 2-3-21　标定成功通知

温馨提示

角点检测出现错误，一般有以下 5 种原因。

① 角点捕捉错误，没能正确捕捉到"23"矩形最外侧端点，如图 2-3-20 所示，角点在矩形中间；

② 标定板参数设置与角点选择不匹配，如图 2-3-13 中"行数"和"列数"均设置为"23"，角点选择时如图 2-3-20 所示，左下角点选成了"19，13"；

③ 角点选择不一致，有的点选择"23，23"，有的点选择"27，27"，重新选择"23，23"角点；

④ 格长不匹配，本标定板格长为 6，格宽为 4.5，设置时没有注意，修改格式；

⑤ 拍摄不清楚，重新拍摄该幅图像。

 相关知识

一般面结构光三维测量系统的测量原理基本相似，光源经过投射系统将光栅条纹投射到被测物体上，经过被测物体形面调制形成测量条纹，由相机采集测量条纹图像，进行解码和相位计算，最后利用外极线约束准则和立体视觉技术获得测量曲面的三维数据。因而在首次使用扫描仪之前、重新组装扫描仪之后、扫描仪经受强烈震动之后、更换镜头之后、多次拼接失败之后、扫描精度降低之后都需要标定。不同扫描仪标定步骤不尽相同，但大致差不多，需要进行正面、上、下、左、右等位置拍摄采集，计算相机参数，确定空间坐标。

面结构光三维测量系统主要由 5 部分组成：图像采集、相机标定、特征提取、立体匹配、三维点云计算和处理。其中相机标定、特征提取和立体匹配一直是立体视觉研究的热点和难点。

1. 相机标定

相机标定是相机进行三维测量的前提，标定好坏程度决定着三维测量的精确性。相机标定指确定相机的成像平面与被测物体在空间中的三维坐标之间的相互关系的过程。这些关系指的是，由相机成像的几何模型所决定的相机参数，包括内部参数和外部参数。内部参数指相机本身具有的，如焦距、光心等属性；外部参数指相机的成像平面在世界坐标系中的位置和姿态信息。根据相机标定时是否需要标定参照物，可分为传统的相机标定方法和自标定方法。传统的相机标定是在一定的相机模型下，基于特定的实验条件，如形状、尺寸已知的标定物，经过一系列的处理，求得相机内外参数。传统方法的典型代表有 DLT 方法、Tsai 法，以及马颂德、张正友提出的平板标定方法等。而自标定方法非常灵活，但因为未知数太多，很难得到稳定的结果。一般来说，当应用要求精度较高，且相机的参数不经常变化时，首选传统方法。

2. 特征提取

特征提取是为了得到立体匹配的图像特征，在面结构光三维扫描系统中，采集了条纹光栅相位特征、标志点中心位置、棋盘格角点等特征。角点是图像中与其周围点灰度值相差较大的点，或者图像中边缘曲率较大值的点。而理想的角点则认为是那些图像中与周围点明显不同的点，它的灰度值等特性与其邻域内其他点有较大不同。

理想的图像特征是非常稳定的，它能够对于图像的几何变换保持不变性；能够适应光照变化，对噪声和遮挡也有鲁棒性，能高效提取出来。角点特征突出了图像的重要信息，淡化了其中的次要信息。大部分的机器视觉问题，如摄像机标定、标志点拼接、图像匹配、运动目标检测都是基于角点检测的。

一般把角点检测分为两类方法：基于图像边缘信息的方法和基于图像灰度信息的方法。前一种方法需要应用图像分割和边缘提取方法对图像边缘信息进行编码。如基于小波变换模极大角点检测，Freeman 链码法、Roberts 算子、Sobel 算子、Canny 算子等基于边界曲率的角点检测。但图像分割和边缘提取都有比较大的难度和运算量。并且这种方法不能处理图像遮挡问题，所以适用范围比较小。而第二种方法则可以较好地克服了上述缺陷。它关注的是像素点邻域的灰度变化，而不是整个目标的边缘信息。例如，Moravec 算法、Harris 算法、SUSAN 算法、SIFT 算法等。这类方法主要是通过计算点的曲率及梯度来检测角点特征的。

3. 立体匹配

立体匹配是从二维图像中获取三维物体形貌信息的主要手段，在由双目相机获得的左、右图片基础上建立同名点对应关系。立体匹配与普通的图像匹配及配准最大的不同就是两幅立体图像之间的差异是由拍照时左、右两台相机的观察点位置不同引起的。由于受图像噪声、低纹理区、深度不连续、遮挡等众多因素的影响，立体匹配技术被认为是计算机视觉中最关键、最困难的一步。

双目立体视觉系统拍摄的左、右图像都存在某些内在的关系，即约束条件，通常在对左、右图像进行匹配时，需要添加一些约束条件，常用的如下。

（1）外极线约束：左图像上的任意特征点和其在右图像的匹配点只可能在同一直线上，这条直线为极线。这样就把右图像的搜索范围从整个右图像减小到右图像上的一条直线上了，大大减少了搜索时间，提高了匹配效率。

（2）唯一性约束：左图像上的任一特征点在右图像上只有唯一一个与之对应的匹配点。

（3）相似性约束：左、右图像上的匹配特征在其各自图像内具有一定的相似性，如灰度、某些特定位置约束等。常用的相似性测度方法有相关测度、距离测度、概率测度等。可以结合外极线约束，将对应点的约束从整幅图像降低到一条直线上，极大地缩小了搜索范围，降低了计算时间成本。

（4）连续性约束：对于空间上的同一物体，左图像上相距很近的特征点在右图像的匹配点也应该相距很近。但是如果左图像上的两点分别在边缘两侧，那么上述情况就不成立了。

（5）顺序一致性约束：在左图像上按一定顺序排列的特征，其在右图像上的对应的匹配点在右图像上也是按照这一顺序排列的。但对于频繁改变视角的图像可能就不成立了。

课后拓展

（1）自行了解 VTOP 200A 扫描仪。

（2）对其他类型扫描仪进行标定。

任务 2.4 标准块扫描

任务引入

前面的工作任务中，我们已经完成了三维扫描仪的相关设备组装、连线，分别安装好主程序驱动、相机驱动、加密狗驱动，并且设置好分辨率，同时初始化参数，根据扫描对象调节好幅面，标定好相机，即扫描设备已经安装调试完毕可以正常使用。但我们不知道扫描精度是否足够，因此，扫描仪一般配有标准块用来进行扫描检测。先扫描一下标准块，检验数据是否能自动拼接上，不产生错位，检验扫描仪标定。

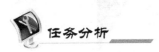
任务分析

在三维扫描测量中，通常的三维测量系统只能得到被测物体一个幅面的点云数据（即一个视角的点云数据），想要获得一个测量对象完整的形状信息，需要通过多视角测量；由于在不同视角进行测量时坐标系不会完全相同，所以必须将多视角测量的三维数据转换到同一坐标系下，并进行拼接，从而形成被测物体完整表面形状信息。

扫描对象如图 2-4-1 所示，外形尺寸大约为 79mm×79mm×40mm 梯形块，是一个六面体标准块，我们必须测量到 6 个面完整的数据。但单幅扫描最多能测到 3 个面，如图 2-4-2 所示，我们必须通过多视角测量，然后通过拼接获得完整数据，如图 2-4-3 所示。

图 2-4-1　标准块

图 2-4-2　单幅扫描

图 2-4-3　拼接获得完整数据

一般扫描仪提供 3 种扫描拼接方案：自动拼接、手工拼接、框架点拼接。标准块是厂商提供的标准测量块；造型简单，没有细小特征，我们采用自动拼接方案就可以完成。

从图 2-4-1 可以看到，标准块外形是一梯形，表面喷有米灰色油漆，且各表面光滑，没有明显特征区别，无法用纹理和特征进行识别，因此，需要加贴标志点，选择合适的标志点进行正确的贴点处理，保证能采集到完整的点云数据。所以本书采用标志点自动拼接方案。

一般扫描仪对黑色、反光和透明的扫描物体识别标志点能力较低，米灰色亚光油漆反光不是很强，因此标准块不需要进行喷粉处理。

方案确定后，我们将按以下步骤对标准块进行扫描数据采集，同时校验扫描，检验标定是否正确。

任务实施

【Step1】贴标志点

标准块外形尺寸如图 2-4-1 所示，大约为 79mm×79mm×40mm，因此我们选择 2mm 的标志点。根据标志点放置原则，在扫描 4 个侧面时，标准块的顶面始终可以采集到数据，因而可以在顶面贴上 3 个标志点，如图 2-4-4 所示；但为了使扫描拼接更容易一些，我们在顶面多贴一个标记点，在侧面也增加一些标志点，如图 2-4-5 所示，使拼接时识别点更多一些，提高拼接的成功率。

图 2-4-4　顶面（最少）标志点

图 2-4-5　侧面（增加一些）标志点

【Step2】打开扫描软件

（1）打开 Vtop 软件，进入扫描界面。

（2）新建工程。

单击"文件"→"新建工程"命令，弹出"新建工程"对话框，如图 2-4-6 所示。在该对话框"名称"栏中输入工程名称，在"路径"栏中设置存放路径。单击"确定"按钮进入如图 2-4-7 所示的采集窗口。单击"打开相机"图标 打开相机。

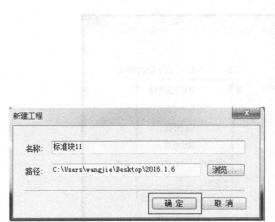

图 2-4-6 "新建工程"对话框   图 2-4-7 采集窗口

【Step3】调节扫描仪和物体的相对位置

（1）打开光机后面的开关键，使光机投射出蓝色光源，将光栅投射到标准块上。

（2）将贴好标志点的标准块放在旋转托盘上，扫描仪对准标准块。

（3）调节三脚架高度及扫描仪的前后位置和仰俯角度，进而使投射光栅的十字光标进入相机的中心方框内，使计算机屏幕上显示的相机十字包含在方框内，如图 2-4-8 所示。

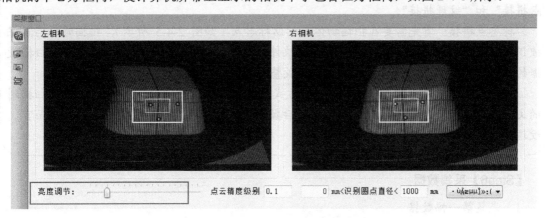

图 2-4-8 十字光标进入相机的中心方框内

【Step4】调光机清晰度

调节光机调焦旋钮，使光栅为最清晰状态。如发现画面亮度不适，可按如图 2-4-8 所示调节软件中的"亮度调节"条，使画面成为黑灰色，并使光栅清晰。

【Step5】设置拼接方案

打开"工具"→"设置"→"采集"→"扫描参数"命令，弹出"设置"对话框，如图 2-4-9 所示。在该对话框的"扫描参数"选项中，将"识别方式"勾选为"标志点"，其他扫描参数设置为默认。

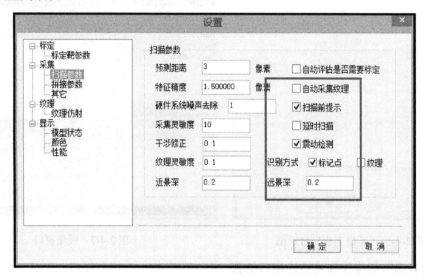

图 2-4-9 "设置"对话框

温馨提示

根据扫描对象的复杂程度和扫描要求对扫描拼接方式进行选择，拼接方式分为"标志点拼接"和"纹理拼接"。

标志点拼接：首先需要在扫描物体上粘贴标志点（如图 2-4-5 所示），扫描时标志点将被识别成特殊的绿色荧光点，并且扫描仪软件将通过前后两幅采集到的标志点进行扫描数据的拼接（如图 2-4-3 所示），从而逐渐完成整体数据的拼接。

纹理拼接：首先将图 2-4-9 中"识别方式"勾选为"纹理"，扫描时软件将根据扫描到的文件自动生成蓝色标志点，从而完成前后数据的对比拼接。但相对于标志点拼接而言，纹理拼接在拼接精度上稍差一些。

【Step6】采集数据

1）采集第一幅数据

单击"采集"命令，进行第一幅数据采集，如图 2-4-10 所示。

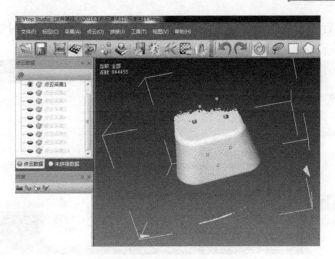

图 2-4-10　第一幅数据采集

如果前面几个步骤没有做好，则会出现如下提示。

（1）相机没有打开，出现如图 2-4-11 所示提示——"请确认相机连接正常并打开"。这时打开相机即可。

图 2-4-11　没有开相机

（2）相机清晰度不够或被测对象位置不在扫描范围内，出现如图 2-4-12 所示提示。这时调光机焦距或被测对象位置即可。

图 2-4-12　不在扫描范围内

（3）系统安装后没有初始化参数，则出现如图 2-4-13 所示提示。这时初始化参数即可。

图 2-4-13　系统安装后没有初始化参数

（4）如果出现如图 2-4-14 所示提示，则是因为环境干扰造成光源不稳定所致的。保证扫描环境不能有震动（如走动、手放在鼠标上等），光源稳定即可。

2）显示查看采集数据

以顶面的矢量为轴线将标准块旋转，通过对视图窗口中显示的点云图进行观察，要保证当前扫描的数据必须含有至少 3 个标志点的数据，以保证后面采集的数据能够正确拼接，如图 2-4-15 所示，至少有 3 个绿色点。

图 2-4-14　环境干扰造成光源不稳定

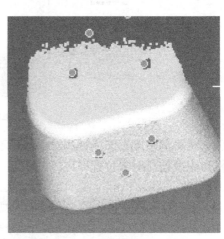

图 2-4-15　查看第一幅扫描数据

3）改动标准块的位置，进行下一幅扫描

将标准块旋转 15°～45°，再次单击"采集"命令进行下一幅扫描，得到如图 2-4-16 所示的点云数据。再次将标准块旋转 15°～45°，单击"采集"命令进行下一幅扫描，直至顶面与侧面的数据完整，如图 2-4-17 所示。

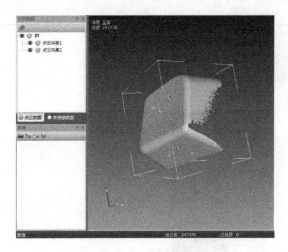
图 2-4-16　第二幅点云数据拼接

图 2-4-17　顶面和侧面数据完整

温馨提示

　　后一幅扫描和前一幅扫描最少必须有 3 个公共点才能拼接上，旋转角度过大或标志点过少，会出现如图 2-4-18 所示提示，单击"确定"按钮。在左面点云采集结构树出现如图 2-4-19 所示未能拼接图标 ▲；右侧显示当前未能拼接数据（如图 2-4-20 所示）。移动鼠标到结构树上，选中未能拼接数据，如图 2-4-21 所示，单击鼠标右键，弹出"删除未拼接的组"命令，删除当前未拼接数据。然后减小旋转角度或增加标志点继续扫描。

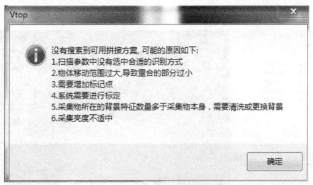
图 2-4-18　无法自动拼接提示

图 2-4-19　出现未能拼接图标

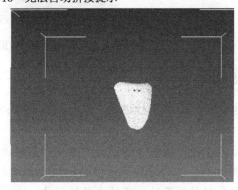
图 2-4-20　无法自动拼接的数据

图 2-4-21　删除未拼接数据

4）扫描底面

　　扫描底面数据，需要把标准块翻转（底面朝上）放置在转盘上。再次单击"采集"命令进行扫描。同上，旋转转盘，进行下一幅数据采集，直至完成标准块整体数据采集，如图 2-4-22所示。

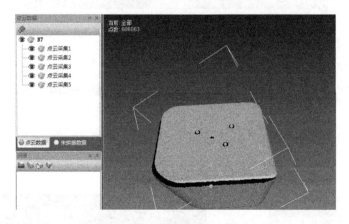

图 2-4-22　标准块整体数据采集完成

温馨提示

　　将有标志点的侧面对准扫描仪，在扫描底面时必须同时能扫到侧面 3 个以上标志点才能完成拼接。

　　在粘贴标志点的时候要注意，要粘贴一些易过渡的标志点（如侧面）。在扫描过程中，也可以借助其他物品，如橡皮泥等摆放扫描件，使扫描面尽量大，提高扫描进度和扫描精度。橡皮泥等最好是黑色的，不造成数据污染。

【Step7】数据保存

待标准块的全部数据采集完成后，如图 2-4-23 所示，单击"文件"→"保存"命令，采集的数据将按新建工程时设定的路径与文件名进行保存。然后关闭相机及光机。

图 2-4-23　保存数据

温馨提示

一般操作中，先保存后导出，保存的数据是一个完整的扫描数据，不经过处理，格式也是软件默认的，关闭后可用 Vtop 软件直接打开接着扫描，把后续数据拼接上。

导出数据软件会对采集数据进行处理，一些数据将进行精简删除，导出格式多样，可与其他软件兼容，无法用 Vtop 软件打开进行二次扫描。

【Step8】删除杂点

保存原始采集数据后，需要对原始数据进行除杂等处理再导出数据。

1）最佳显示点云数据

单击"点云"→"合适尺寸"命令，点云将以最佳视图比例显示在屏幕上，如图 2-4-24 所示。

图 2-4-24　合适尺寸显示

2）选点云方法

单击"点云"→"选择点云"→"套索"命令，如图 2-4-25 所示；可以用套索（矩形、多边形、椭圆形）来选择点云，选中的点云将变成红色，如图 2-4-26 所示。

图 2-4-25　点云选择方式　　　　　　　　　图 2-4-26　选中的点云

3）删除选中点云

按"Delete"键或单击"点云"→"删除"命令可删除选中点。

【Step9】导出数据

1）导出前数据准备

单击"文件"→"导出"命令，如图 2-4-27 所示，弹出如图 2-4-28 所示的影响精度提示对话框，提醒是否已经删除杂点。如果没有，则返回到上一步进行点云处理；如果已经完成，则单击"是"按钮。弹出如图 2-4-29 所示保存提示对话框，询问是否存储修改，单击"是"按钮，弹出"导出设置"对话框，如图 2-4-30 所示。

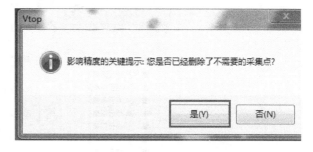

图 2-4-27　导出数据操作　　　　　　　　　图 2-4-28　影响精度提示对话框

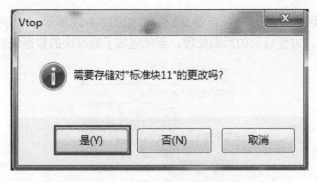

图 2-4-29 保存提示对话框

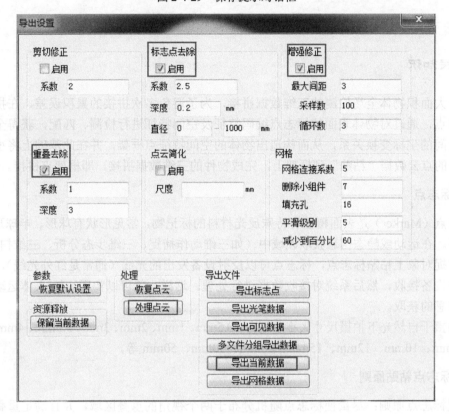

图 2-4-30 "导出设置"对话框

2)"导出设置"对话框

在"导出设置"对话框中，勾选"重叠去除"栏的"启用"复选框，勾选"标志点去除"栏的"启用"复选框，勾选"增强修正"栏的"启用"复选框，其他参数默认。单击"处理点云"按钮，系统自动进行点云处理，除去扫描中重叠点及标志点，运算完成后回到"导出设置"对话框。

3)"导出当前数据"

单击"导出当前数据"按钮，导出数据保存设置对话框，设置文件名及保存类型，然后单击"保存"按钮。保存类型一般选择.ply 或者.asc 格式,如图 2-4-31 所示,上述两种格式为 Geomagic 等逆向软件通用格式,方便点云的后期处理。至此完成了标准块的数据采集与保存。

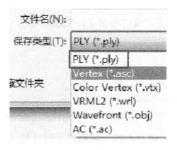

图 2-4-31　导出数据保存类型

对于大面积物体全场检测的三维数据拼接,为了避免多次拼接的累积误差,在拼接引入编码标志点,通过对物体表面的标志点编码特征及空间特征进行检测、匹配,获得全场各拍摄图像之间的坐标变换关系,从而构造出物体的空间特征点框架,并在此基础上将小幅三维扫描获得的点云数据"粘贴"到框架上,完成物件的三维数据拼接,即框架点拼接。

1. 标志点

标志点(Marker)是表面覆盖有特殊反光材料的标记物,常见形状有球形、半球形、编码标志点等。在运动或静态信息获取领域中(如三维动作捕捉、三维步态分析、三维扫描等),通常在捕捉对象上粘贴标志点,标志点可以反射设备发出的光线(通常是红外光线),反射的数据再被设备接收,然后系统对接收数据进行处理。这样,就可以实现物体/人体运动、静态等多种信息的获取。

按拍摄于自然光下拍摄尺寸大小来划分:0.5mm、1mm、2mm、3mm、3.5mm、4mm、5mm、6mm、8mm、10mm、12mm、15mm、20mm、30mm、50mm 等。

2. 标志点粘贴原则

放置标志点原则:尽量使标志点随机分布于两个视角的重叠区域,并且满足重叠区域内至少有 3 个点不能共线。如图 2-4-32 所示为正确;如图 2-4-33 所示为错误,3 点共线,标志点大小选择也不合适。

图 2-4-32　正确

图 2-4-33　错误

标志点的过渡区域面积必须足够大。通过若干标志点的匹配共线，求得不同视角下坐标变换关系，最终对整个三维数据进行拼接。

标志点应粘贴在表面无特征或者特征较少处，并在保证扫描仪能正常通过标志点拼接的条件下尽量减少标志点的粘贴数目。

细节特征较复杂或者工件体较小的可以选择小尺寸的标志点，也可以不同尺寸的标志点共同使用。但有些扫描仪只识别一种标志点。

在扫描过程中，可在无法拼接处随时添加标志点，利用新增标志点进行准确匹配。

3．亮度对扫描的影响

在数据采集的步骤中，需要调节亮度，如果亮度不足或过度，都无法获得精准的数据。

1）曝光不足

如图 2-4-34 所示，相机亮度不足，"亮度调节"条在 1 左右，扫描时只能扫描到光强的地方，光弱的地方均扫描不出来，如图 2-4-35 所示。

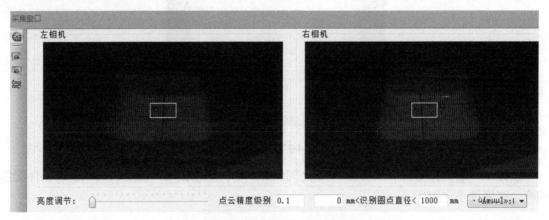

图 2-4-34 "亮度调节"条在 1 左右

图 2-4-35 曝光不足

2）曝光过度

如图 2-4-36 所示，相机亮度过高，"亮度调节"条在 10 左右，扫描时曝光过度，形成亮片，也扫描不出正确数据，侧面数据没有，如图 2-4-37 所示。

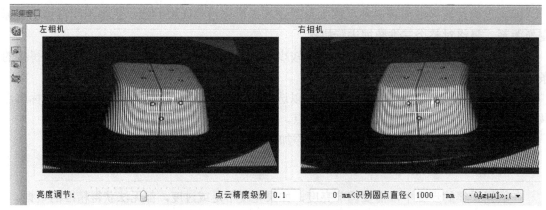

图 2-4-36 "亮度调节"条在 10 左右

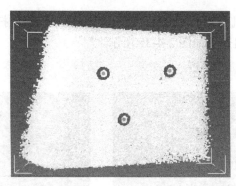

图 2-4-37 曝光过度

因此，一般"亮度调节"条在 4～5 之间较好。物件颜色偏暗，亮度调大一些；物件颜色偏亮，亮度调小一些。

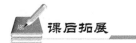

课后拓展

（1）使用扫描仪对茶叶盒进行扫描。
（2）使用扫描仪对肥皂盒进行扫描。

任务 2.5　铣刀片扫描

任务引入

铣刀是用于铣削加工的常用刀具，在优化铣削效果时，铣刀的刀片是一个重要因素，当铣刀与刀夹之间存在微小间隙时，加工过程中刀具有可能出现振动现象，振动会使铣刀刃的吃刀量不均匀，影响加工精度和刀具使用寿命。为了解决上述问题，对铣刀片进行了特殊的结构设计，具有自动定心、带斜角自动锁紧功能。为了缩短设计周期，采用逆向设计和 3D 打印来验证铣刀片的结构。逆向设计的关键在数据采集和 CAD 模型重构，数据采集是第一步，因而对刀片进行三维扫描采集数据。

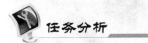

如图 2-5-1 所示，铣刀片由完全对称的 3 个大面构成，形成 3 个切削刃。3 个大面由若干小面组成，而且小面带有一定的斜角，中心也有定心斜度及定位台阶等，刀片尺寸较小，近似边长 15mm 的三棱柱，内孔约为 ϕ5mm，每个面上有许多细小特征。刀片颜色近似黑色，且有金属光泽。因而，必须先对铣刀片进行喷粉才能进行数据采集，由于细节特征多，为保证局部特征，需多次扫描拼接而成，所以需要粘贴标记点。拼接的方法仍然采用自动拼接方案。

图 2-5-1 铣刀片

 任务实施

【Step1】喷粉

铣刀片颜色近似黑色，颜色偏深而且有金属光泽，直接进行扫描时，根据任务 2.4 节的介绍，深色物体的反光效果不好，因而需要对铣刀片进行喷粉处理。

1）选择显像剂

为了使铣刀片清晰显像，使用亚光白色显像剂覆盖被扫描物体表面，对扫描物体喷一层薄薄的显像剂，这样做是为了更好地扫描出物体的三维特征，数据会更精确。但是要注意，显像剂喷得过多，会造成厚度叠加，对扫描精度会造成影响。

选用新美达 DPT-5 显像剂（三维扫描显像专用），喷涂铣刀片表面，可使得其表面呈现良好的漫反射状体，有效改善铣刀片由于深褐色造成的扫描数据质量差的缺陷，使其更易于扫描，获取高质量的点云数据。该显像剂具有喷涂均匀、颗粒细小、可用清水冲洗、不会影响扫描精度等优点。

2）喷涂铣刀片表面

（1）清洁铣刀片表面，使其表面干燥、干净。

（2）将铣刀片体置于纸上，放于室外通风处。

（3）单手持握显像剂，摇匀，防止显像剂沉淀。

（4）近距离对准放工件体的纸张，食指轻摁喷头试喷，通过所喷区域校正喷头；使喷头正对前方，如图 2-5-2 所示。

（5）正对铣刀片，将显像剂置于铣刀片前 30～50cm 处，并将喷头向下倾 30°左右，如图 2-5-3 所示。轻摁喷头，环绕铣刀片一周，使显像剂均匀附着于铣刀片体表面，如图 2-5-4 所示。

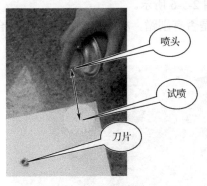

喷头

试喷

刀片

图 2-5-2 试喷

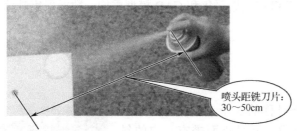

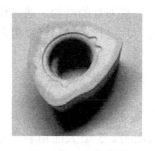

图 2-5-3　正确的喷涂姿势

图 2-5-4　喷涂效果

（6）检查喷粉是否均匀，若有未喷粉或粉稀疏处可适当增加。

（7）将完成已部分喷涂的铣刀片置于室温下，晾置 15～20 分钟。

（8）戴上手套，轻拿起铣刀片进行翻身，把底面朝上；进行其余表面的喷涂，直至铣刀片表面完全附着均匀的显像剂。

（9）置于室温下，晾置 15～20 分钟，待显像剂完全干透，其效果如图 2-5-4 所示。

温馨提示

不能将粉状没有完全晾干的工件翻转进行其他部位的喷粉，喷粉过程中工件体应轻拿轻放，避免已喷的显像剂脱落。

请勿在喷粉时嬉戏玩闹，保持安全距离。

请勿在密闭的空间内喷涂，防止有害健康。

【Step2】贴标志点

（1）将已经完全晾干的铣刀片放于桌上，根据铣刀片的大小与表面特征，选择合适的标记点。铣刀片最大边长约为 15mm，因而选取如图 2-5-5 所示尺寸为 1mm 的标志点，标志点过大会掩盖刀片特征。

（2）用棉签将要粘贴标记点处擦拭干净，去除浮粉，防止标志点粘贴不上。

（3）用镊子将 1mm 的标记点以 V 字形无规则分散粘贴于刀具表面，粘贴过程中确保有至少 3 个共同的标志点作为已拍摄与未拍摄的过渡点，如图 2-5-6 所示。

（4）标志点全部粘贴完成后，检查铣刀片上显像剂是否有剐蹭，标志点粘贴地方是否合理并有无脱落。无误后即可等待扫描。

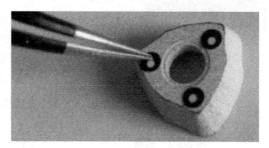

图 2-5-5　1mm 标志点

图 2-5-6　完成标志点粘贴

【Step3】扫描

（1）打开 VTOP 软件，进入扫描界面。

（2）新建工程。

单击"文件"→"新建工程"命令，弹出"新建工程"对话框。在该对话框"名称"栏中输入工程名称，在"路径"栏中设置存放路径。单击"确定"按钮进入采集窗口。单击"打开相机"图标 打开相机。

（3）将贴好标志点的刀片放在旋转托盘上，并在旋转托盘上无规则地粘贴一些标记点作为自动拼接的参考点，便于拼接，扫描仪对准刀片。

（4）打开光机后面的开关键，使光机投射出蓝色光源，将光栅投射到刀片上。

（5）调节三脚架高度及扫描仪的前后位置和仰俯角度进而使投射光栅的十字光标进入相机的中心方框内，使计算机屏幕上显示的相机十字包含在方框内，调节光机调焦旋钮，使光栅为最清晰状态。如发现画面亮度不适，可按图 2-5-7 所示调节软件中"亮度调节"条，使画面成为黑灰色，并使光栅清晰。

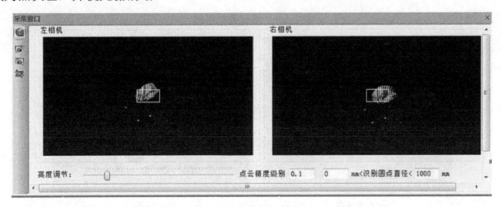

图 2-5-7 调节清晰度

（6）设置拼接方案。

（7）单击"工具"→"设置"→"采集"→"扫描参数"命令，弹出"设置"对话框，在"扫描参数"选项中，将"识别方式"勾选为"标志点"，其他默认。

（8）采集数据。

① 采集第一幅数据。

单击"采集"命令 ，进行第一幅数据采集，并查看采集的数据，如图 2-5-8 所示。以顶面的矢量为轴线将刀片数据旋转，通过对视图窗口中显示的点云图进行观察，要保证当前扫描的数据必须含有至少 3 个标志点的数据，以保证后面采集的数据能够正确拼接，如图 2-4-15 所示，至少有 3 个绿色点。

② 进行下一幅扫描。

旋转托盘，改变刀片的位置，进行下一幅扫描。

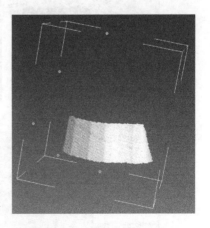

图 2-5-8 查看第一幅扫描数据

将托盘旋转 15° 左右，再次单击"采集"命令进行下一幅扫描，得到如图 2-5-9（a）所示的点云数据。再次将托盘旋转 15° 左右，单击"采集"命令进行下一幅扫描，再利用底板上的标志点与刀片自身上的标志点进行拼接，进行下一步，总共扫描了 22 次（分别如图 2-5-9（b）和（c）所示），完成对中间部分和 3 个刀片加工面的扫描，直至刀片的数据完整，如图 2-5-10 所示。

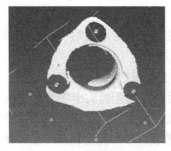
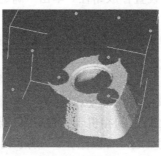
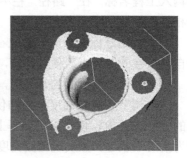

（a）第 2 幅 　　　　　　　　（b）第 3 幅 　　　　　　　　（c）第 4 幅

图 2-5-9　点云数据拼接

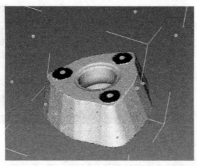
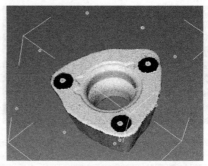

（a）正面 　　　　　　　　　　　　　（b）反面

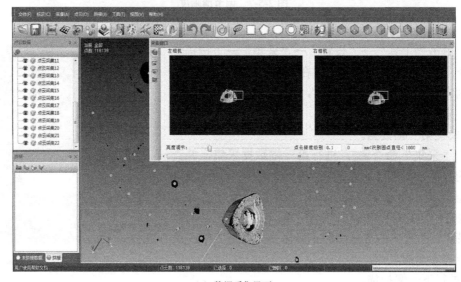

（c）数据采集界面

图 2-5-10　刀片的扫描数据完整

当基本数据采集完成后，再次仔细观察刀片其他地方可否有遗漏角落尚未采集，若是有，继续翻转刀片，继续扫描，直至完全采集数据为止。

（9）数据保存。

待刀片的全部数据采集完成后，单击"文件"→"保存"命令，采集的数据将按新建工程时设定路径与文件名进行保存。然后关闭相机及光机。

（10）删除杂点。

保存原始采集数据后，需要对原始数据进行除杂等处理再导出数据。

① 最佳显示点云数据。

单击"点云"→"合适尺寸"命令，点云将以最佳视图比例显示在屏幕上。

② 选点云方法。

单击"点云"→"选择点云"→"套索"命令，可以用套索（矩形、多边形、椭圆形）来选择点云，选中的点云将变成红色，如图 2-5-11 所示。

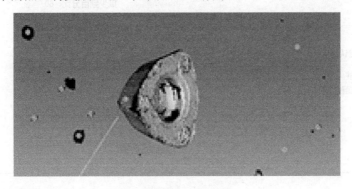

图 2-5-11 选中的点云

③ 删除选中的点云。

按"Delete"键或单击"点云"→"删除"命令可删除选中的点云。

（11）导出数据。

单击"文件"→"导出"命令，弹出"精度提示"对话框，提醒是否已经删除杂点。如果没有，则返回上一步进行点云处理；如果已经完成杂点删除，除去杂点，单击"是"按钮则弹出"保存提示"对话框，询问是否存储修改，单击"是"按钮，弹出"导出设置"对话框。

① "导出设置"对话框。

在"导出设置"对话框中，勾选"重叠去除"栏的"启用"复选框；勾选"标志点去除"栏的"启用"复选框，勾选"增强修正"栏的"启用"复选框，其他参数默认，如图 2-5-12 所示。单击"处理点云"按钮，系统自动进行点云处理，除去扫描中重叠点及标志点，运算完成后回到"导出设置"对话框。

② 导出当前数据。

单击"导出当前数据"按钮，弹出导出数据保存设置对话框，设置文件名及保存格式，单击"保存"按钮。保存格式一般选择为.ply 或者.asc 格式，上述两种格式为 Geomagic 等逆向软件通用格式，方便点云的后期处理。至此我们完成铣刀片的数据采集与保存。

图 2-5-12 "导出设置"对话框

课后拓展

扫描电话机听筒,步骤可以参照图 2-5-13 至图 2-5-26 所示进行操作。

图 2-5-13 打开扫描软件

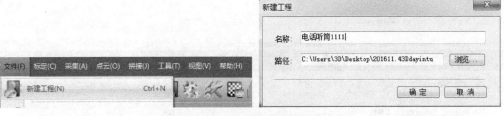

图 2-5-14　新建扫描工程

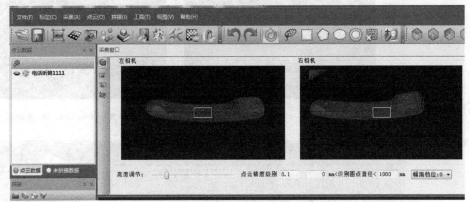

图 2-5-15　打开相机

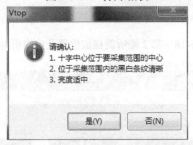

图 2-5-16　扫描提示对话框

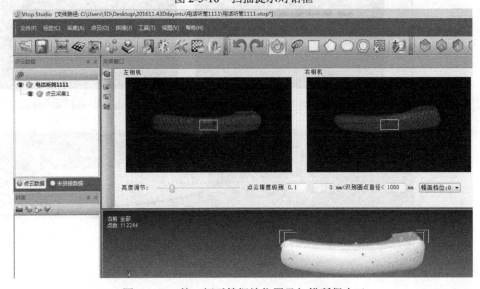

图 2-5-17　第 1 幅听筒摆放位置及扫描所得点云

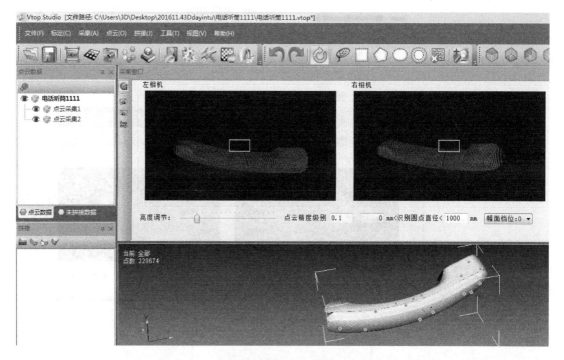

图 2-5-18　第 2 幅听筒摆放位置及扫描所得点云

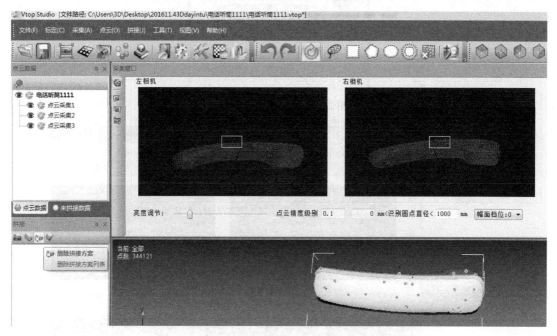

图 2-5-19　第 3 幅听筒摆放位置及扫描所得点云

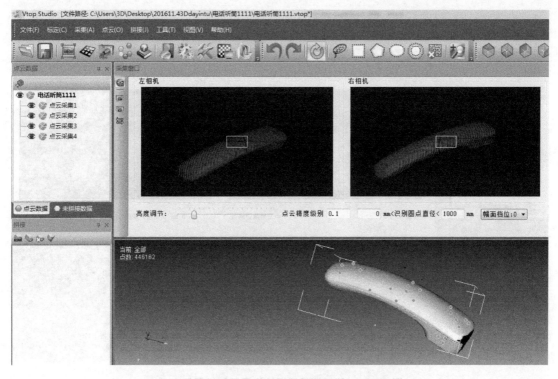

图 2-5-20　第 4 幅听筒摆放位置及扫描所得点云

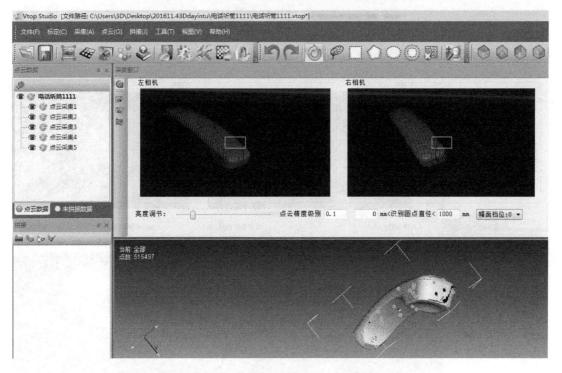

图 2-5-21　第 5 幅听筒摆放位置及扫描所得点云

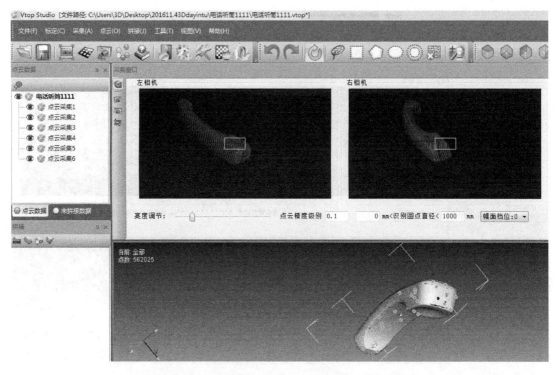

图 2-5-22　第 6 幅听筒摆放位置及扫描所得点云

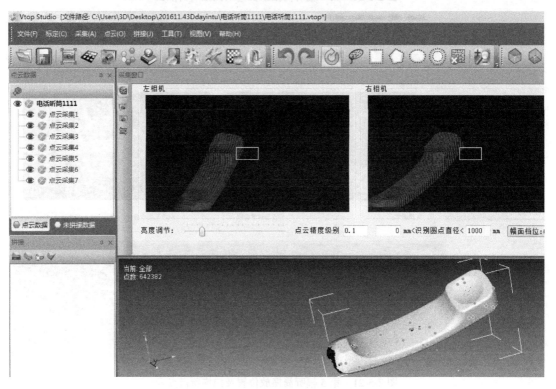

图 2-5-23　第 7 幅听筒摆放位置及扫描所得点云

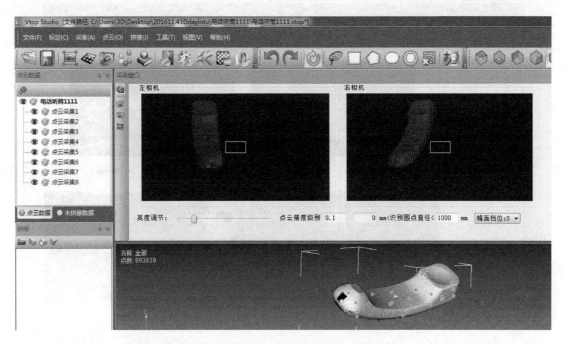

图 2-5-24 第 8 幅听筒摆放位置及扫描所得点云

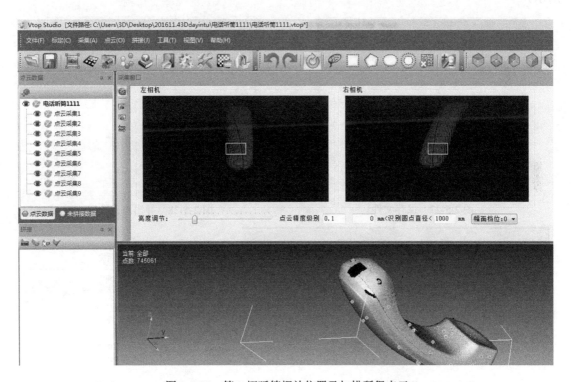

图 2-5-25 第 9 幅听筒摆放位置及扫描所得点云

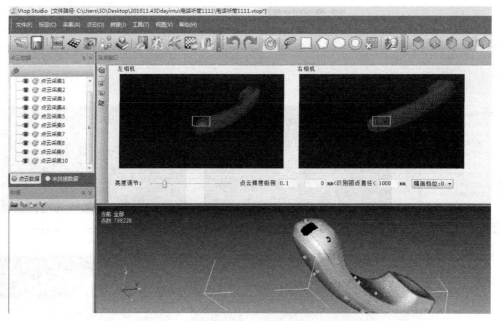

图 2-5-26　第 10 幅听筒摆放位置及扫描所得点云

　　在此，查看点云数据是否完整，如果完整，保存并导出点云数据，如图 2-5-27 至图 2-5-30 所示。

图 2-5-27　保存文件

图 2-5-28　导出点云数据

图 2-5-29　影响精度提示对话框

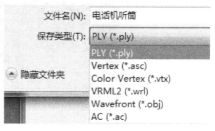

图 2-5-30　保存格式

项目 3

测量数据的处理

项目简介

由逆向工程的一般流程可知，按步骤采用三坐标测量机（CMM）或激光、面结构光三维扫描等测量装置，测量采集零件原型表面点的三维坐标值，生成点云文件，需要使用逆向工程专业软件，导入点云文件，进行点云数据处理。

逆向工程应用软件种类繁多，一般能控制测量过程，产生原型曲面的测量"点云"，以合适的数据格式传输至 CAD/CAM 系统或在生成及接收的测量数据基础上，通过编辑和处理直接生成复杂的三维曲线或曲面原型，转换成合适的数据格式后，再传输到 CAD/CAM 系统中，构建 CAD 模型，经过反复修改完成最终的产品造型。

Geomagic 是一款完全独立的逆向工程软件，专业处理三维测量数据，完全兼容其他技术，可与所有的主流三维扫描仪、计算机辅助设计软件（CAD）、常规制图软件及快速设备制造系统配合使用，能够作为一个独立的应用程序运用于快速制造，或者作为对 CAD 软件的补充，可对点云进行编辑。可根据任何实物零部件自动生成准确的数字模型，确保完美无缺的多边形和 NURBS 模型处理复杂形状或自由曲面形状时，生产率比传统 CAD 软件提高十倍。因此，本项目应用 Geomagic 软件，完成标准块和铣刀片点云数据处理。

任务 3.1 标准块数据处理

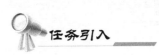
任务引入

在项目 2 中，应用 VTOP 200 完成了对标准块的扫描，取得了标准块的"点云"数据，但在扫描测量过程中由于环境、拼接等影响，测量数据存在一定的问题，例如杂点、重点、孔洞等，对后续 CAD 模型重建影响较大，需要进行去杂、补洞、简化数据，然后转换成后续CAD 能接受的格式输出。本次任务为标准块数据处理，我们需要对标准"点云"数据进行删除杂点、降噪、平滑、补洞等处理，转换成 CATIA 能识读的.STL 格式文件。

逆向设计与3D打印

为 CAD 重构做好准备，接下来需要将 VTOP 导出的.asc 格式的文件，在 Geomagic Studio 软件里进行数据预处理及坐标系对齐操作。在 Geomagic Studio 软件里进行数据预处理，首先要导入数据，然后在"点编辑"模块中进行删除体外孤点、减少噪声点、"统一采样"精简数据，最后封装成.STL 格式，进入"多边形编辑"模块，进行填补孔洞、去除错误特征等操作，完成后对齐坐标，输出到 CATIA 软件中重构 CAD 模型。

3.1.1 点云处理阶段

【Step1】导入点云文件

1）打开 Geomagic Studio 软件

双击桌面 Geomagic Studio 图标 ，打开 Geomagic Studio 软件，进入 Geomagic Studio 初始界面，如图 3-1-1 所示。

图 3-1-1　Geomagic Studio 初始界面

2）新建"标准块"文件

在图 3-1-1 中，单击"任务"→"新建"图标 新建 ，进入"新建文件"界面，如图 3-1-2 所示。

3）导入点云

（1）打开命令。

单击"菜单按钮" 下拉菜单中的"导入"命令 ，弹出选择"导入"文件对话框，如图 3-1-3 所示。

图 3-1-2 "新建文件"界面

图 3-1-3 选择"导入"文件对话框

（2）选择导入文件。

单击"文件名"列表，选择"点云"存放路径——VTOP 软件保存的"标准块.asc"文件，单击"打开"按钮，弹出"文件选项"对话框，如图 3-1-4 所示，设置导入数据的采样比率。

（3）设置导入数据的采样比率。

一般数据不是很大，"采样"比率设置成"100%"，并勾选"保持全部数据进行采样"复选框，单击"确定"按钮，即可导入点云，Geomagic Studio 软件界面显示导入的"标准块"点云，如图 3-1-5 所示。

图 3-1-4 "文件选项"对话框

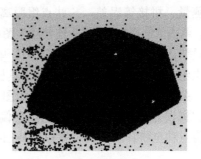

图 3-1-5 导入的"标准块"点云

（4）设置单位。

一般工程上采用"毫米"为计量单位，因此，Geomagic Studio 2014 默认单位为毫米，不需要另外再设置。单击"确定"按钮。

【Step2】着色点

如图 3-1-5 所示，Geomagic Studio 2014 导入的"标准块"点云默认显示为黑色，因此，需要对其进行"着色点"处理。

图 3-1-6　着色的"标准块"点云

单击"着色点"图标下"着色点"命令，立即完成"标准块"点云的着色，着色后点云为"绿色"，如图 3-1-6 所示。

【Step3】去除体外孤点

由于环境、扫描精度等影响，会形成一些杂点。为了保证建模精度，在重构 CAD 模型前，需要对这些杂点进行删除。

单击"选择"→"体外孤点"图标 体外孤点 ，系统弹出"选择体外孤点"对话框，如图 3-1-7 所示。在对话框"敏感性"栏中设置为"85.0"，单击"应用"按钮；然后再单击"确定"按钮，如图 3-1-8 所示（红色的点），一些与其他多数点保持一定距离的孤点被选中。

单击工具栏中"删除"按钮，得到如图 3-1-9 所示的点云，体外孤点被删除，孤立的杂点基本去除。

图 3-1-7　"选择体外孤点"对话框　　图 3-1-8　"体外孤点"被选中　　图 3-1-9　删除体外孤点后

【Step4】　去除非连接选项的点云组

由于测量、拼接等误差，一些点组脱离测量点云，与其他点云相距遥远。接下来就要去除这些点。单击"选择"→"非连接项"图标，弹出"选择非连接项"对话框，如图 3-1-10 所示。一般默认设置"尺寸"值为"5.0"，单击"确定"按钮，如图 3-1-11 所示，选中一些脱离本体的点组（红色点），移动鼠标到工具栏，单击"删除"按钮，删除这些点组，完成这步操作后，杂点处理基本干净，其效果如图 3-1-12 所示。

由于扫描误差，扫描所得的一些点会偏离正确的位置，产生噪音。应用"减少噪音"命令，可以将点移至统计的正确位置以弥补扫描误差，这样点的排列会更平滑。

图 3-1-10 "选择非连接项"
对话框

图 3-1-11 选中的"非连接项"
点组

图 3-1-12 删除"非连接项"
效果

【Step5】减少噪音

单击"减少噪音"菜单中的"减少噪音"图标，弹出"减少噪音"对话框，如图 3-1-13 所示。"迭代"设置为"2"，其他各参数设置默认，单击"应用"按钮后再单击"确定"按钮，其效果如图 3-1-14 所示，可以操作多次，最大偏差会越来越小。

图 3-1-13 "减少噪音"对话框

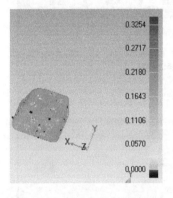

图 3-1-14 "减少噪音"效果

【Step6】统一采样处理

为了便于操作，在保证不损坏数据的情况下减少计算的数据量，可以进行统一采样，简化数据。统一采样的功能可以在保持原来特征的情况下，删除多余的点云，但是不能过多采样。

单击工具栏中"统一"图标，弹出"统一采样"对话框，如图 3-1-15 所示。统一采样前点云如图 3-1-16 所示，有 350 370 个点。一般根据所测物体的大小来设置点云的绝对间距，系统会有一个默认值。可以根据需要设置，如图 3-1-17 所示。单击"应用"按钮，再单击"确定"按钮，其效果如图 3-1-18 所示，仅剩 141 259 个点。

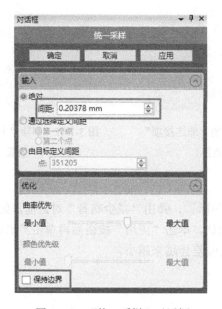

图 3-1-15 "统一采样"对话框

图 3-1-16 "统一采样"前点云

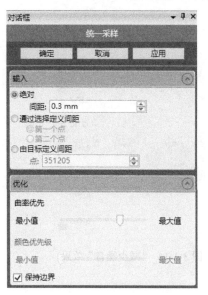

图 3-1-17 "统一采样"设置

图 3-1-18 "统一采样"后点云效果

【Step7】封装

完成点云编辑后，需要将点云转为网格，即将点对象转换成多边形对象，进行填孔、去除特征等操作。

单击"封装"图标，弹出"封装"对话框，如图 3-1-19 所示。将对话框中的"噪音的降低"设置为"中间"，其他设置如图 3-1-19 所示，单击"确定"按钮，得到如图 3-1-20 所示的封装后"标准块"数据图。

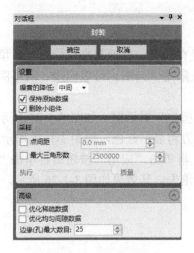

图 3-1-19 "封装"对话框

图 3-1-20 封装后的"标准块"数据图

3.1.2 多边形处理阶段

【Step1】填充孔

完成点云编辑以及封装后，界面自动进入"多边形"模块，如图 3-1-21 所示，可以进行"修补""平滑""填充孔""联合""偏移"等操作。

图 3-1-21 "多边形"模块

由图 3-1-20 可以看到，粘贴标记点的地方还有孔洞需要修补，接下来进行"填充孔"操作。

单击"全部填充"图标 ，弹出"全部填充"对话框，如图 3-1-22 所示，全部采用默认参数，单击"应用"按钮后再单击"确定"按钮，即可完成孔洞填充，其效果如图 3-1-23 所示。

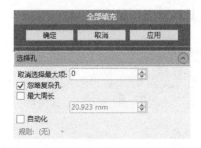

图 3-1-22 "全部填充"对话框

图 3-1-23 填充孔效果

【Step2】网格修复

标准块形状简单，扫描数据采集较完整，特征没有缺失，处理起来也较简单，填充后基本完整。虽然表面看起来完成，但网格内部是否有缺陷难以判断。可以应用"网格医生"进行诊断。

单击工具栏中"网格医生"图标 ，弹出"网格医生"对话框，如图 3-1-24 所示，先单击"更新"按钮，图形区域中"标准块"有缺陷的地方将显示红色，如图 3-1-25 所示。

单击"操作"→"类型"→"自动修复"命令，再单击"应用"按钮后再单击"确定"按钮，将完成点云的数据网格自动修复；修复后红色消失，其效果如图 3-1-26 所示。

图 3-1-24 "网格医生"对话框

图 3-1-25 "网格医生"诊断结果

图 3-1-26 自动修复效果

（温馨提示）

如果错误复杂，无法自动修复（自动修复后变形），可以手动删除，再填充孔。

【Step3】对齐坐标

为了后期 CAD 重构时处理方便，需要确定点云相对于全局坐标系的位置，所以接下来进行对齐坐标操作。

1）调用特征命令

单击"特征"图标 特征 ，软件切换到"特征"工具栏界面，如图 3-1-27 所示。

图 3-1-27 "特征"工具栏

2）创建平面1

（1）调用命令。

单击"平面"图标下拉菜单，选择"最佳拟合"选项，弹出"创建平面"对话框，如图3-1-28所示。

（2）确定选择工具。

在Geomagic Studio软件视窗的右侧有对象选择工具，如图3-1-29所示，我们使用"套索"来选择对象。单击图3-1-29中"套索"图标，激活"套索"选项（激活状态为黄色），确定选择模式为使用"套索"。

图3-1-28　"创建平面"对话框

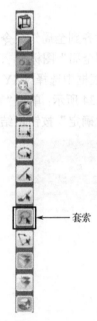

套索

图3-1-29　对象选择工具

（3）选择创建平面点云。

如图3-1-30所示，在图形窗口，使用"套索"或其他选择工具（矩形、画笔、多边形等），选择"标准块"数据图上数据（最好选择平面中间部分，数据质量较好），完成选择后，单击"创建平面"对话框中"应用"按钮，然后再单击"确定"按钮，即完成平面1的创建，如图3-1-31所示。

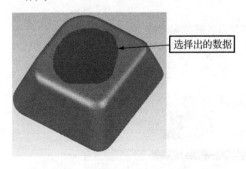

选择出的数据

图3-1-30　使用"套索"方式选择数据

图3-1-31　平面1的创建

3）对齐平面

（1）切换"对齐"工具栏。

单击"对齐"命令 对齐 ，如图 3-1-32 所示。

图 3-1-32 "对齐"工具栏

（2）调用"对齐到全局"命令。

单击"对齐到全局"图标 ，弹出"对齐到全局"对话框，如图 3-1-33 所示。在对话框"固定：全局"列表框中选择"XY 平面"，在"浮动：标准块"列表框中选择"平面 1"，图形区域显示如图 3-1-34 所示；单击"对齐到全局"对话框中"创建对"按钮，界面显示如图 3-1-35 所示；最后单击"确定"按钮，结果如图 3-1-36 所示。

图 3-1-33 "对齐到全局"对话框

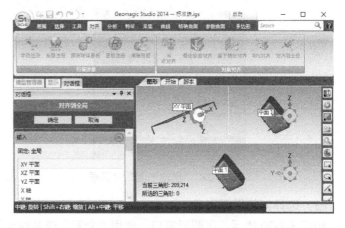

图 3-1-34 将平面 1 与 XY 平面对齐操作

图 3-1-35 "创建对"后的显示效果

图 3-1-36 完成对齐坐标系的结果

【Step4】导出.stl 格式文件

最后以".stl"数据格式导出文件。

单击"菜单按钮"图标 St，列出如图 3-1-37 所示的菜单命令列表；选择"另存为"选项，弹出"另存为"对话框，如图 3-1-38 所示。在"文件名"中输入保存文件名称为"标准块"，在"保存类型"中选择"STL（binary）文件（*.stl）"，完成设置后，单击对话框中"保存"按钮，即完成了对标准块导出的操作。

图 3-1-37 菜单命令

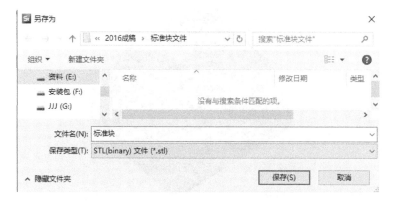

图 3-1-38 "另存为"对话框

温馨提示

　　导出操作可保存的类型如图 3-1-39 所示，共 13 种；3D 打印切片软件一般能兼容的是.stl 格式文件，其他 CAD 软件也能兼容，因而一般导出.stl 格式文件。

　　.stl 格式文件有两种：STL（binary）文件（*.stl）和 STL（ASCLL）文件（*.stl），后者数据量较大，一般选用前者。

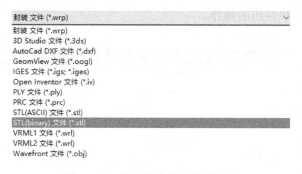

图 3-1-39　导出操作保存类型选项

"保存数据"结果如图 3-1-40 所示。

图 3-1-40　"保存数据"结果

 相关知识

三维数据处理软件——Geomagic 简介

Geomagic 是一家世界级的软件及服务公司，总部设在美国北卡罗来纳州的三角开发区，在欧洲和亚洲有分公司，经销商分布世界各地。在众多工业领域，比如汽车、航空、医疗设备和消费产品，许多专业人士都在使用 Geomagic 软件和服务。该公司旗下主要产品为 Geomagic Studio、Geomagic Qualify 和 Geomagic Piano，其中 Geomagic Studio 是被广泛应用的逆向软件。

1. Geomagic Studio

Geomagic Studio 可根据任何实物零部件自动生成准确的数字模型。作为全球首选的自动化逆向工程软件，Geomagic Studio 还为新兴应用提供了理想的选择，如定制设备、大批量生产、即定即造的生产模式以及原始零部件的自动重造。只有 Geomagic Studio 具有下述所有特点：确保完美无缺的多边形和 NURBS 模型处理复杂形状或自由曲面形状时，生产率比传统 CAD 软件提高十倍；自动化特征和简化的工作流程可缩短培训时间，并使用户可以免于执行单调乏味、劳动强度大的任务；可与所有主要的三维扫描设备和 CAD/CAM 软件进行集成；能够作为一个独立的应用程序运用于快速制造，或者作为对 CAD 软件的补充。

世界各地有 10 000 人以上的专业人士使用 Geomagic 技术定制产品、促使流程自动化以及提高生产能力。Geomagic Studio 的优点是简化了初学者及经验工程师的工作流程。自动化的特征和简化的工作流程减少了用户的培训时间，避免了单调乏味、劳动强度大的任务。

提高了生产效率。Geomagic Studio 是一款可提高生产率的实用软件。与传统计算机辅助设计（CAD）软件相比，在处理复杂的或自由曲面的形状时生产效率可提高十倍。

实现了及时定制生产。定制同样的生产模型，利用传统的方法（CAD）可能要花费几天的时间，但 Geomagic 软件可以在几分钟内完成，并且该软件还具有高精度和兼容性特点。Geomagic Studio 是唯一可以实现简单操作、提高生产率及允许提供用户化定制生产的一套软件。它具有以下特点：

1）兼容性强

可与所有的主流三维扫描仪、计算机辅助设计软件（CAD）、常规制图软件及快速设备制造系统配合使用。Geomagic 是完全兼容其他技术的软件，可有效地减少投资。

2）曲面封闭

Geomagic Studio 软件允许用户在物理目标及数字模型之间进行工作，封闭目标和软件模型之间的曲面。可以导入一个由 CAD 软件专家制作的表面层作为模板，并且将它应用到对艺术家创建的泥塑模型（油泥模型）扫描所捕获的点。结果在物理目标和数字模型之间没有任

何偏差。整个改变设计过程只需花费极少的时间。

3）支持多种数据格式

Geomagic Studio 提供多种建模格式，包括目前主流的 3D 格式数据，如点、多边形及非均匀有理 B 样条曲面（NURBS）模型。数据的完整性与精确性确保可以生成高质量的模型。

4）新增直观的"草图"功能

Geomagic Studio 2012 以后版本新增"草图"功能，可以从点云和多边形模型直接创建横截面曲线，并直接对其进行编辑。

5）强大的脚本语言环境

扩展、定制并自动化了一些能够对软件中的所选命令进行深层次访问的功能。

6）改进了编辑、导航和可视化的功能

对于场景级的三维模型，改进了从中程和远程扫描仪对点云进行编辑、导航和可视化的功能。

7）增强的硬测头功能

可使用硬测头合作伙伴（如 FARO、Hexagon、Nikon、Creaform 和许多其他合作伙伴）提供的接触式测头、便携式三坐标测量臂和类似设备对特征进行准确的测量和创建。

8）"重划网格"工具

可以快速、准确地对多边形模型重新进行三角化，使其成为更加整洁、更有用的三维模型，以便用于数字内容创建（DCC）和三维打印。

2. Geomagic Qualify

Geomagic Qualify 可加快流程速度而且可进行深入分析并确保可重复性的自动检验软件，Geomagic Qualify 建立了 CAD 和 CAM 之间所缺乏的重要联系纽带，从而实现了完全数字化的制造环境。允许在 CAD 模型与实际构造部件之间进行快速、明了的图形比较，Geomagic Qualify 可用于首件检验、线上检验或车间检验、趋势分析、2D 和 3D 几何测量以及自动报告等。

Geomagic Qualify 的优点如下：

1）显著节约了时间和资金

可以在数小时（而不是原来的数周）内完成检验和校准，因而可极大地缩短产品开发周期。

2）改进了流程控制

可以在内部进行质量控制，而不必受限于第三方。

3）提高了效率

Geomagic Qualify 是一种为设计人员提供的易用和直观的工具，设计人员不再需要分析报告表格，也不必将 2D 数据转换为 3D CAD 模型。

4）改善了沟通

自动生成的、适用于 Web 的报告改进了制造过程中各部门之间的沟通。

5）提高了精确性

Geomagic Qualify 允许用户检查由好几万个点定义的面的质量，而定义 CMM 面的点可能只有 5～10 个。

6）使 SPC 自动化

针对多个样本进行的自动统计流程控制可深入分析制造流程中的偏差趋向并且可用来验证多穴模具容量的偏差趋向。

7）CAD 原始文件导入接口

支持 CATIA、NX、SolidWorks 和 Creo Elements/Pro（前身为 Pro/ENGINEER），包括导入基于模型定义（MBD）的公差尺寸注释、智能的快速硬测功能，可以快速而直观地创建特征。

8）有或没有 CAD 模型都可以测量零件

9）评估 GD&T 形位公差，可以加入用户自定义的注释

10）硬件插件

支持所有类型便携式三坐标和三维扫描仪。

11）叶片分析功能

叶片分析功能包含各种专门工具针对涡轮叶片、转子、定子及类似的零件进行更高级的检测。

12）改良的注释工具和三维 PDF 报告

更快速地交付文件格式、较小且直观的三维 PDF 报告对硬测头测量流程的支持大幅提升，包括：新的迭代对齐功能可针对任何几何外形快速、精确地对齐到 CAD 模型、实时偏差分析功能可用于装夹固定以及快速检查超差情况。新的特征类型支持单点圆和最低/最高点快速硬测功能，基于 CAD 定义来智能创建被测量到的特征，硬测截面功能利用硬测头和横截面来创建截面曲线，测量库可供快速、简单的测量特征到特征尺寸。

3. Geomagic Qualify Probe

对于希望在手工检测的基础上进行提升的质量工程师，Geomagic Qualify Probe 是一款硬测头采集和处理数据必需的软件，并具备经济实惠性、实用性和精确性。Geomagic Qualify Probe 是业界最易于使用且经济实惠的三维检测软件，该软件专门用于处理硬测头采集的数据以及关于首件的制造件质量、生产检测和供应商管理的报告。

Geomagic Qualify Probe 将 Geomagic Qualify 的业界领先工具与探测数据和设备结合在一起。这使制造商能够对由探测数据创建的数字参考模型和已建部件进行快速、准确的图形化对比，以用于首件检测、生产检测和供应商质量管理。这款经济实惠的软件使制造商能够显著提高产品和制造质量，迅速确定工艺问题并提高生产效率。

使用 Geomagic Qualify Probe 可立即提高探测测量的效率及检测检查的质量。Geomagic Qualify 中久经考验的、精准的自动化工具带来了许多好处，它们专用于将测头采集数据与 CAD 模型或多边形模型进行比较。综合性的三维检测，测量用硬测头采集到的物理对象的数据通过快速地自动重复与数字模型比对得到报告信息，这款功能强大的软件即能对这些信息进行测量分析得到精确结果，进行分析检测。

客户通过个性化定制的自动流程及生成报告大大提高生产效率是业界最易于使用且功能最全面的软件，提供了多种全自动且可定制的报告工具，几乎能够立竿见影地提高检测速度。易于定义的报告可准确提供所需的数据和信息，各种色差图和须状图能够快速了解结果，硬测头工具的语音命令能够快速而准确地创建特征和测量检测数据。

4．Geomagic Spark

Geomagic Spark 是业界唯一一款结合了实时三维扫描、三维点云和三角网格编辑功能以及全面 CAD 造型设计、装配建模、二维出图等功能的三维设计软件。虽然传统的 CAD 软件也有建模功能，但是缺少工具将三维扫描数据处理成有用的三维模型。而 Geomagic Spark 则加入了三维扫描数据功能，将先进扫描技术以及直接建模技术融为一体。现在，用户几分钟就可以在同一款软件中合并扫描数据和设计 CAD 数模，甚至部分扫描数据可创建出可用于制造的实体模型和装配。

Geomagic Spark 非常适合工程师和制造商使用现成实物对象设计三维模型，也适合用于完成或修改被扫描的零件。借助 Geomagic Spark 的能力，汽车、电子、工业设计、消费品、模具加工和航天等工业领域的公司可以促进工程团队之间更好地沟通，简化设计流程，以及提高逆向设计的可靠性。

Geomagic Spark 的创新已经引起主要三维扫描仪制造商的关注，并激发了他们的想象力。Geomagic Spark 是一个正确的方向，它致力于帮助设计师们不断加快开发周期。

Geomagic Spark 的集成包将点云、三角网格和 CAD 建模置于同一个用户界面中。设计师既可以直接通过 Geomagic Spark 扫描，也可以载入现成的点云或三角网格数据。在这里，设计师们可以选择一系列的自动化工具来编辑数据，以及将数据转换到多边形网格中，例如采样、降噪、封装、简化，等等。Geomagic Spark 直观的实体建模工具可以简化使用网格创建实体几何图形的过程，一键即可提取曲线、曲面和实体。在创建实体模型后，用户可以对实体模型与它的三角网格数据进行比较，找出它们之间的偏差区域。二维图纸、标注、尺寸等唾手可得，而且可与三维数据进行互动，并且可以快速简单地导出 CAD 文件格式。三维数据处理能力与 CAD 功能的强强结合将大幅提高逆向工程、生产型制造、原型开发、概念建模和创建、存档以及服务中心中的处理效率。

在开发这款强大易用的新工具的过程中，Geomagic 的开发团队在 Geomagic Spark 中加入了大量已经成熟的功能：

（1）使用法，如 Faro、海克斯康 Hexagon 和形创 Creaform（其他名单将在今后宣布）的硬件插件，直接扫描到 Geomagic Spark 中。

（2）点云编辑——删除、采样、降噪等。

（3）通过 SpaceClaim 的附件导入原始 CAD 文件。

（4）网格编辑——删除、补孔、修剪和修复。

（5）智能选择工具。

（6）从网格中精确提取曲面、实体和草图。

（7）直观的推/拉几何图形修改工具。

（8）全面的草图和实体建模功能。

（9）三角网格转成实体模型的偏差分析。

（10）创建二维图纸。

（11）生成三维 PDF。

（12）创建、操作和编辑装配。

（13）与 SpaceClaim 的一系列第三方附件兼容（例如真实感可视化、PDM、分析和 CAM）。

（14）除了支持原始的文件格式（IGES、STEP、OBJ、ACIS、PDF 等）外，还可与一系列 CAD 和 PLM 工具相互协作。

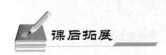

按标准块操作步骤，完成光盘中肥皂盒的数据处理。

任务 3.2　铣刀片数据处理

在项目 2 中，应用 VTOP 200 完成了对铣刀片的扫描，取得了铣刀片的"点云"数据，但扫描测量过程中由于环境、拼接等影响，测量数据存在一定的问题，例如杂点、重点、孔洞等，对后续 CAD 模型重建影响较大，需要进行去杂、补洞、简化数据，然后转换成后续 CAD

能接受的格式输出。本次任务为标准块数据处理，我们需要对标准"点云"数据进行删除杂点、降噪、平滑、补洞等处理，转换成 CATIA 能识读的.STL 格式文件。

 任务分析

要重构"铣刀片"CAD 模型，同样需要将 VTOP 导出的.asc 格式文件，在 Geomagic Studio 软件里进行数据预处理及坐标系对齐操作。操作步骤同任务 3.1 节。但铣刀片结构比标准块复杂，尺寸较小，数据采集更加不容易，拼接次数多，数据的完整性和精度没有标准块高，处理更为繁杂。

 任务实施

3.2.1　点云处理阶段

【Step1】导入点云文件

启动 Geomagic studio 2014，单击"打开"命令，选择"铣刀片"存储的".asc"文件，单击"打开"按钮，在"文件选项"对话框中"比率"选择"100%"，然后单击"确定"按钮，完成"铣刀片点云"导入，如图 3-2-1 所示。

【Step2】着色点

单击"着色点" 下拉菜单，选择"着色点"命令，着色后的点云如图 3-2-2 所示。

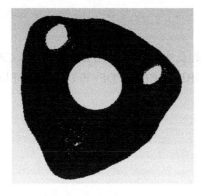

图 3-2-1　导入的铣刀片点云　　　　　　　　图 3-2-2　着色后点云

温馨提示

如果是 VTOP 扫描数据，可以跳过该步骤，扫描数据导出时已自动着色。

【Step3】删除杂点

利用"套索"命令 选取工具，框选主体点云外的杂点，单击"删除"按钮 ，删除杂点后效果如图 3-2-3 所示。

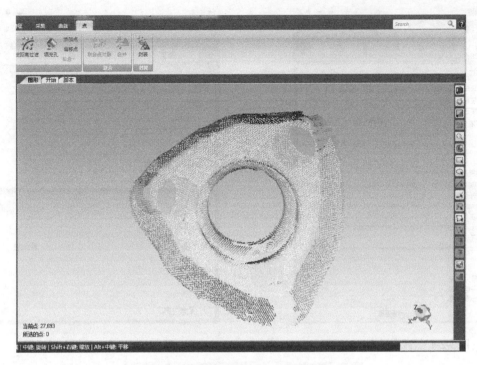

图 3-2-3　删除杂点后点云图

【Step4】删除体外孤点

单击"选择"下拉菜单，选择"体外孤点"命令，弹出"选择体外孤点"对话框。在"敏感度"选项输入"75"，单击"应用"按钮，然后再单击"确定"按钮，最后单击"删除"按钮，删除选中的体外孤点。为了保证精度，可以再次进行体外孤点删除操作两次，避免遗漏孤点。

【Step5】删除"非连接项"

单击"选择"下拉菜单中"非连接项"命令，弹出"选择非连接项"对话框，单击"应用"按钮，然后再单击"确定"按钮，最后单击"删除"按钮，完成"非连接项"点的删除。

【Step6】降噪

单击"减少噪音"图标，弹出"减少噪音"对话框，在"参数"中点选"棱柱形（积极）"单选框，在"平滑度水平"条中选择1到2，在"迭代"框中输入"2"，在"偏差限制"框中输入"0.05mm"。该对话框参数设置如图3-2-4所示，单击"应用"按钮，然后再单击"确定"按钮完成设置。

【Step7】统一采样

单击"统一"图标，弹出"统一采样"对话框，在"间距"框中输入"0.04mm"，勾选"保持边界"复选框，操作完成后参数设置如图3-2-5所示。处理后的点云如图3-2-6所示。

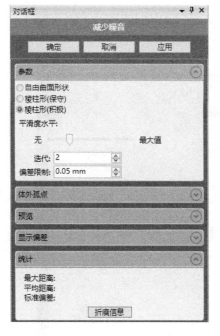

图 3-2-4 "减少噪音"对话框

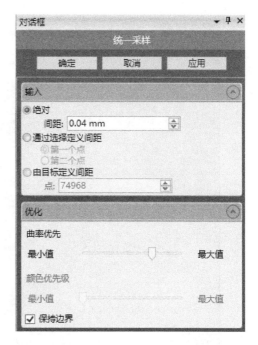

图 3-2-5 "统一采样"对话框

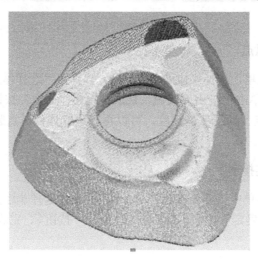

图 3-2-6 统一采样后效果图

【Step8】封装

单击"封装"图标 ，弹出"封装"对话框，各参数设置如图 3-2-7 所示。在"噪音的降低"下拉列表中选择"无"，勾选"保持原始数据"和"删除小组件"复选框，完成参数设置后，单击"确定"按钮完成操作，其效果如图 3-2-8 所示。

图 3-2-7 "封装"对话框

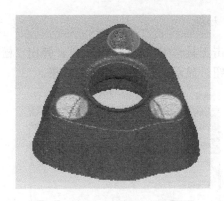

图 3-2-8 封装后效果图

3.2.2 多边形处理阶段

【Step1】填充孔

由图 3-2-8 可见,贴有标记点的地方和一些没有扫描到的地方有空洞。在 CAD 造型前需要先行修复。可以使用"填充孔"命令 填补,由于铣刀片孔的位置在大平面上,在逆向过程中可以利用平面进行拟合,所以可以直接填充。

如图 3-2-9 所示,单击"填充单个孔"按钮,激活"平面""内部孔"等选项,移动鼠标,如图 3-2-10 所示,单击铣刀片模型中的孔边界,可以预览填充后的效果,按鼠标左键确定,即可完成填充,如图 3-2-11 所示。可以连续单击孔边界。

图 3-2-9 填充孔选项

图 3-2-10 选择填充边界

图 3-2-11 填充效果图

【Step2】曲面光顺

如图 3-2-12 所示,由于标记点、扫描误差、物体表面颗粒物等原因,数据表面会不光顺,可以使用"松弛""删除钉状物""砂纸"等命令 对表面进行光顺处理。

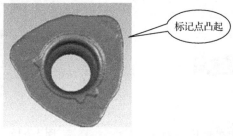

图 3-2-12 标记点表面突起

1）松弛

单击工具栏中"松弛"图标，弹出"松弛多边形"对话框，如图 3-2-13 所示，单击"应用"按钮，显示如图 3-2-14 所示效果。

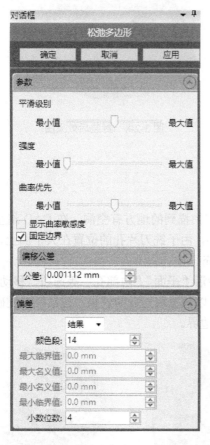

图 3-2-13 "松弛多边形"对话框

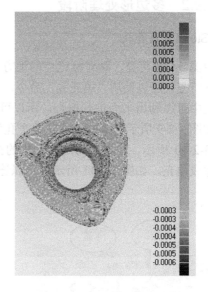

图 3-2-14 应用预览松弛后效果图

偏差显示如图 3-2-15 所示，单击"确定"按钮完成松弛，其效果如图 3-2-16 所示。

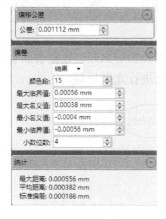

图 3-2-15 对话框中偏差显示

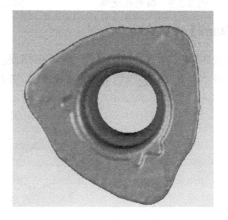

图 3-2-16 松弛后效果图

2）"砂纸"打磨

由图 3-2-16 可见，表面仍然不是很光滑，可以使用"砂纸"继续进行打磨。

单击工具栏中"砂纸"图标![],弹出"砂纸"对话框，如图 3-2-17 所示。调节打磨"强度"，移动鼠标到图形区域，鼠标会显示成"圆圈"，在突起部位来回移动鼠标，突起部位会逐步变得平滑，其效果如图 3-2-18 所示。

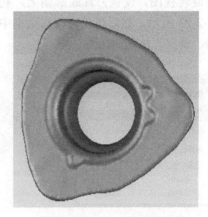

图 3-2-17 "砂纸"对话框   图 3-2-18 砂纸打磨后效果图

【Step3】网格医生

单击工具栏中"网格医生"图标![],弹出"网格医生"对话框，如图 3-2-19 所示。默认自动激活的"自动修复"，图形显示如图 3-2-20 所示，红色部分需要修复。在"网格医生"对话框中"分析"显示有"64"处"钉状物"，单击"应用"按钮完成修复，再单击"确定"按钮退出对该对话框的操作。修复处理完成后效果如图 3-2-21 所示。

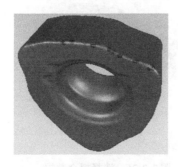

图 3-2-19 "网格医生"对话框   图 3-2-20 红色需要修补部位   图 3-2-21 修复效果图

【Step4】坐标对齐

1）生成平面特征

单击菜单栏中"特征"图标 特征 进入特征模块，单击工具栏中"平面" 下拉菜单，选择"最佳拟合"命令 最佳拟合 ，弹出"创建平面"对话框，如图 3-2-22 所示。按住鼠标中键旋转视图，使铣刀片底部朝上，利用选取"套索"工具选取底面比较光滑平顺部位，如图 3-2-23 所示。然后再单击该对话框中"应用"按钮，创建预览效果如图 3-2-24 所示，最后单击"确定"按钮退出对话框。

图 3-2-22 "创建平面"对话框　　图 3-2-23 选取拟合平面的点云　　图 3-2-24 创建预览效果图

2）生成圆柱体特征

（1）调用创建圆柱命令。

单击工具栏中"圆柱体" 下拉菜单，选择"最佳拟合"命令 最佳拟合 ，弹出"创建圆柱体"对话框，如图 3-2-25 所示。

（2）指定选择模式。

移动鼠标到最左边"选择"工具条中单击"按折角模式选择"图标 。

（3）选择拟合圆柱部位数据。

如图 3-2-26 所示，移动鼠标到图形区域，单击需要拟合圆柱部分任意一点，即可选中圆柱所有区域。

选取中心圆柱特征，再按住"Ctrl"键反选（取消选择）多余部分，进入"选择"模块 选择 ，单击"收缩" 下拉菜单，选择"收缩一次"命令 收缩一次 。重复此操作直至已选部分全部在圆柱体上，如图 3-2-27 所示，单击该对话框中"确定"按钮完成创建。

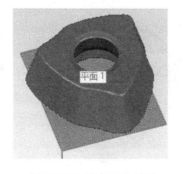
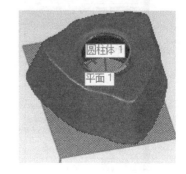

图 3-2-25 "创建圆柱体"对话框　　图 3-2-26 选择拟合数据　　图 3-2-27 拟合效果预览

3）对齐坐标

单击菜单栏中"对齐"图标进入"对齐"模块 对齐 ，切换到"对齐"界面。单击工具栏中"对齐到全局"图标 ，弹出"对齐到全局"对话框。在"输入"栏中"固定：全局"中选择"XY 平面"，在"浮动：铣刀片"中选择"平面 1"，然后单击"创建对"按钮；再在"输入"栏"固定"中选择"Z 轴"，在"浮动：铣刀片"中选择"圆柱体 1"，然后单击"创建对"按钮，完成后如图 3-2-28 所示。

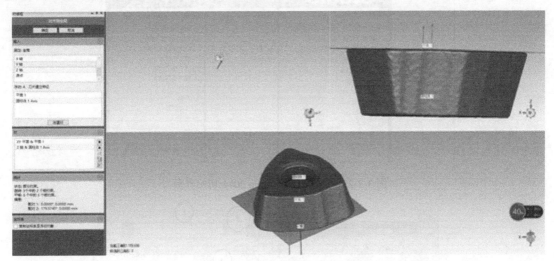

图 3-2-28 对齐坐标操作

3.2.3 文件的保存

单击"菜单按钮"图标 ，下拉列出菜单命令列表；选择"另存为"选项，弹出保存路径及保存格式对话框。在"文件名"中输入保存文件名称为"铣刀片"，在"保存类型"中选择"STL（binary）文件（*.stl）"，完成设置后，单击对话框中"保存"按钮即完成了铣刀片导出操作。

相关知识

1．Geomagic Studio 2014 初始界面

Geomagic Studio 2014 初始界面如图 3-2-29 所示，分为"最近的文件""任务""资源"三栏，为用户导航。我们可以快速浏览、打开最近应用文件，新建、导入新的任务；提供官方网站和技术支持、帮助文档。

2．Geomagic Studio 2014 工作界面及区域功能

1）Geomagic Studio 2014 工作界面

Geomagic Studio 2014 工作界面划分为 6 个功能区域，如图 3-2-30 所示。

图 3-2-29　Geomagic Studio 2014 初始界面

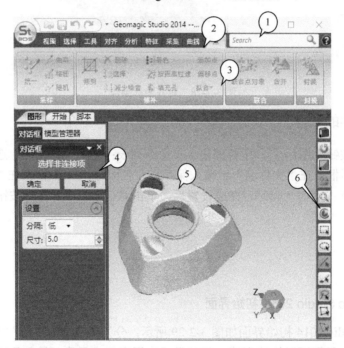

1—标题栏；2—菜单栏；3—工具栏；4—对话框；5—图形显示区；6—指定选择工具条

图 3-2-30　Geomagic Studio 2014 工作界面功能区域

（1）标题栏。

标题栏显示当前状态及文件操作。

（2）菜单栏。

菜单栏指定工作模块，指定完成后工具栏有相应的切换。

（3）工具栏。

工具栏显示当前模块下工具图标。

（4）对话框。

对话框显示工具对话框及模型管理器。

（5）图形显示区。

图形显示区显示图形数据。

（6）指定选择工具条

指定选择工具条指定选择工具。

2）鼠标操作功能

（1）中键：旋转。将鼠标放在视窗中，按住鼠标滚轮进行各个方位的滑动以及三维数据的旋转。

（2）"Shift+中键"组合键：缩放。将鼠标放在视窗中，滚动鼠标滚轮进行三维数据的放大或缩小。

（3）"Alt+中键"组合键：平移。将鼠标放在视窗中，按住鼠标滚轮和"Alt"键进行三维数据的平移。

（4）当三维数据不能全部显示在视窗时，右键单击视窗，选择"适合视图"或按住"Ctrl+D"组合键。

3）选择

用最右边指定选择工具条中的工具，可以指定选择的方法，移动鼠标到图形区域就可以进行选择。

"Ctrl+D"组合键可以取消选择。红色区域表示被选中了，按"Delete"键可以删除选中的区域，取消删除（返回上一步）使用"Ctrl+Z"组合键。

全部取消选择使用"Ctrl+C"组合键，取消选择使用"Ctrl+D"组合键。

（温馨提示）

　　使用多折线工具时最后封闭，单击起始点或按空格键。

3. 点云编辑

1）打开或导入点云

启动 Geomagic Studio 2014 软件后，单击"任务"栏中"打开"或"导入"命令。"打开"命令只能加载一个文件点云；"导入"命令可以在一个文件中加载 N 个文件点云数据。

（温馨提示）

　　每个厂家的光学扫描仪导出的点云格式不同，导入 Geomagic Studio 的提示也是不同的。导入.asc格式文件时，系统会自动提示采样比率，采样比率越高，载入的点数越多（细节效果越好），但系统运行越慢，一般默认即可。

2）视图显示控制

为了快速显示模型，单击"视图"→"面板显示"→"显示"命令，弹出"显示"对话框，如图3-2-31所示。在"动态显示百分比"中选择"50"，当旋转或缩放时，只显示原数据的50%，可以提高刷新速度。动态显示百分比设置是根据"点云"大小和计算机性能进行判断，一般设置为50%。静态显示百分比也是同样的用法。

按住鼠标滚轮对模型进行旋转，滚动鼠标滚轮进行缩放，按住"Alt"键和滚轮进行平移后将视图调整到合适的视野。

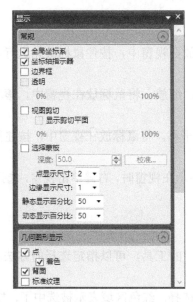

图3-2-31　"显示"对话框

温馨提示

当模型不在视窗中时，可以按"Ctrl+D"组合键将模型充满视窗。

3）手动删除杂点

如图3-2-32（a）所示，单击图标"▦"进入矩形工具的选择状态，改变模型的视图（便于选择），按住鼠标键进行拖动框选，如图3-2-32（b）所示。选中的点云会变成红色，按"Delete"键进行删除。同样也可使用套索工具、多折线工具、椭圆工具、画笔等工具进行选择。

4）着色点

系统将自动计算点云的法向量，赋予点云颜色。

5）删除"非连接点云"

单击图标▦ 非连接项 ，弹出"选择非连接项"对话框，在"分隔"设置中选择"低"，单击"确定"按钮退出该对话框。然后按"Delete"键删除选中的非连接点云。该命令可自动探测所有非连接点云，不用手动选择。

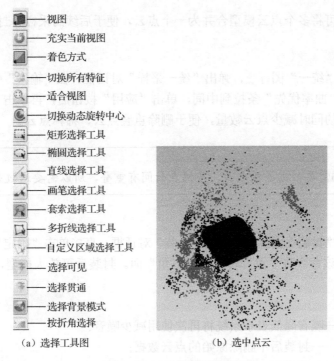

—— 视图
—— 充实当前视图
—— 着色方式
—— 切换所有特征
—— 适合视图
—— 切换动态旋转中心
—— 矩形选择工具
—— 椭圆选择工具
—— 直线选择工具
—— 画笔选择工具
—— 套索选择工具
—— 多折线选择工具
—— 自定义区域选择工具
—— 选择可见
—— 选择贯通
—— 选择背景模式
—— 按折角选择

（a）选择工具图　　　　　　　　　（b）选中点云

图 3-2-32　手动删除杂点

操作命令说明：

分隔——点束距离主点云多远才被选中；

尺寸（5.0）——非连接项的点数在模型点数的 5%以下，才会被选中。

6）体外孤点

单击工具栏中"体外孤点"图标 ，弹出"选择体外孤点"对话框，将"敏感度"设置为85，单击"应用"按钮后单击"确定"按钮，按"Delete"键可以删除选中的红色点云。该命令表示选择任何超出指定移动限制的点，体外孤点功能非常保守，可连续使用 3 次达到最佳效果。

7）减少噪音

单击工具栏中"减少噪音"图标 ，弹出"减少噪音"对话框，单击"应用"按钮后，再单击"确定"按钮。该命令有助于减少在扫描中的噪音点，更好地表现真实的物体形状。造成噪音点的原因可能是扫描设备轻微震动、物体表面较差、光线变化等。

8）联合点对象

联合对象，只有导入两个及以上文件时并且同时选中两个及以上点云文件时才可使用。选中两个点云文件，选择点工具栏，单击"联合点对象"图标 ，弹出"联合点对象"对话框，如图 3-2-33 所示。单击"应用"按钮后，再单击"确

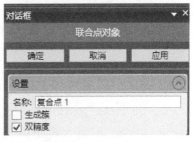

图 3-2-33　"联合点对象"对话框

定"按钮。该命令可将多个点云模型合并为一个点云,便于后续的采样、封装等。

9)统一采样

单击工具栏中"统一"图标 ,弹出"统一采样"对话框。在"输入"中选择"绝对 间距"为"0.2mm","曲率优先"条拉到中间,单击"应用"按钮后,再单击"确定"按钮。在保留物体原来面貌的同时减少点云数量,便于删除重叠点云、稀释点云。

温馨提示

　　由于光学扫描需要扫描多幅点云,多幅点云间有重叠,所以需要通过采样消除重叠点。

10)封装

单击工具栏中"封装"图标 ,弹出"封装"对话框,直接单击"确定"按钮,软件将自动计算进行封装。该命令将"点"转换成"三角"面。封装后可放大模型,手动点选一个三角面进行观察。

参数说明:

噪音的降低——噪音降低表示系统将再次使用减少噪音;

保持原始数据——封装后不删除原始的点云数据;

删除小组件——封装过程中将删除离散的三角面;

采样——点距设置,表示封装前将再次进行稀释;

最大三角形数——限制封装后三角面的最大数量;

执行——封装后的三角面质量(拉到最大为质量最佳;与计算机的运行速度成反比)。

 课后拓展

完成光盘中电话机听筒的数据处理。

项目 4

CAD 模型重构

项目简介

一般来说，3D 打印的三维数模经 Geomagic Studio 点云处理后可以直接封装，形成.stl 格式的文件，直接导入切片软件进行切片处理后就可以打印了。但 Geomagic Studio 直接封装处理的模型精度不高，许多细节特征无法表现，一般需要使用其他建模，根据实物特征进行分区域，由点构线，由线构面，由面构体，重建 CAD 模型，表现细节特征。

作为逆向工程的重要软件，CATIA 提供了很好的功能模块，如 digitized shape editor、quick surface reconstruction、freestyle、创成式外形设计，等等。CATIA 中"逆向点云编辑"模块能很好地导入 Geomagic Studio 封装后的点云，对点云进行编辑，并且曲面功能强大。所以本项目应用 CATIA 中"形状—逆向点云编辑"模块导入"标准块""铣刀片"Geomagic Studio 封装后的点云，对点云进行编辑后，进入 CATIA 中"形状—创成式外形设计"工作平台，构建面，然后进入零件设计模块，由面构建"标准块"、"铣刀片"实体，完成"标准块"、"铣刀片"的 CAD 模型重构。

任务 4.1　重构"标准块"CAD 模型

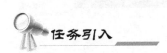

前面已经使用 VTOP 扫描仪对标准块进行了三维扫描测量，将点云数据导入 Geomagic Studio 进行了处理，现在我们再应用 CATIA"逆向点云编辑"模块导入"标准块"Geomagic Studio 封装后的点云数据，编辑后转换进入"创成式外形设计"工作平台，构建曲面，然后进入零件设计模块，由面构建"标准块"实体。

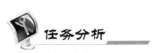

逆向对象如图 4-1-1 所示，外形尺寸大约为 79mm×79mm×40mm 梯形块，是一个六面体标准块，所以要提取的特征就是 6 个平面和不同半径的圆角。

图 4-1-1　标准块实物照片

曲面重构操作如图 4-1-2 所示，分以下 5 步。

（1）导入 Geomagic Studio 封装后的点云。

（2）根据点云创建平面。

（3）修剪平面。

（4）封闭曲面，形成实体。

（5）利用细节特征完成实体细节。

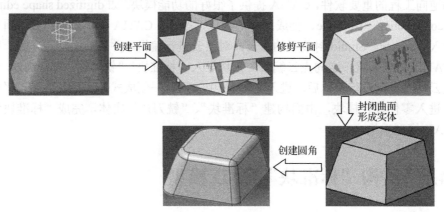

图 4-1-2　"标准块"建模关键步骤

下面我们就按步骤实施任务。

4.1.1　导入 Geomagic Studio 封装后的标准块点云数据

【Step1】新建"标准块"文件

（1）打开 CATIA 软件，进入如图 4-1-3 所示的系统默认界面。

系统默认的是产品，进入的是装配工作台。文件后缀为 .Product，文件名为"Product1"。我们要进行的是建模，所以要新建零件文件。

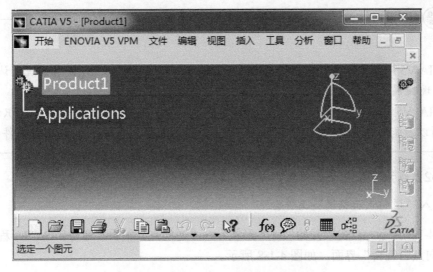

图 4-1-3　CATIA 软件系统默认界面

（2）单击"文件"→"新建"命令或单击"新建文件"图标 ，在屏幕的右下角出现"新建"对话框，如图 4-1-4 所示。

（3）CATIA V5 R21 文件类型有 16 种，文件类型不同，文件后缀也不同，进入的工作台也不同。我们要建立的是零件，所以在"类型列表"中选择"Part"。

（4）创建文件名。

在"类型列表"中选择"Part"，单击"确定"按钮，屏幕弹出"新建零件"对话框，如图 4-1-5 所示。"输入零件名称"后再次单击"确定"按钮，回到 CATIA V5 R21 零件设计——Part1 界面，如图 4-1-6 所示。

图 4-1-4　"新建"对话框

图 4-1-5　"新建零件"对话框

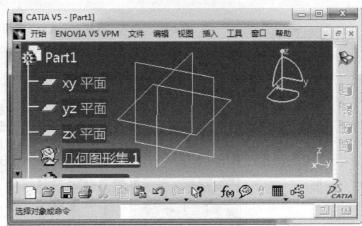

图 4-1-6　CATIA V5 R21 零件设计——Part1 界面

温馨提示

　　CATIA V5 R21 文件夹可以用中文命名，文件名可以是中文，但保存时系统不认中文名，因此会出现错误，必须以拼音、英文或数字命名才能保存。

　　CATIA V5 R21 零件文件保存格式默认为.CATPart，3D 打印切片软件普遍识读的格式为.stl，所以我们可以先保存为.CATPart 格式；全部完成后，再保存为.stl 格式文件。

【Step2】点云导入

1）进入"逆向点云编辑"工作台

　　如图 4-1-7 所示，单击"开始"→"形状"→"逆向点云编辑"命令，CATIA 程序界面转换到"逆向点云编辑"界面，如图 4-1-8 所示。

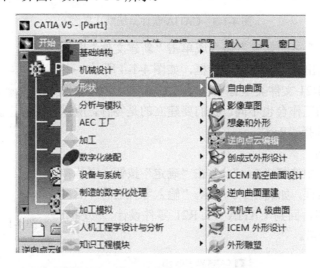

图 4-1-7　进入"逆向点云编辑"界面

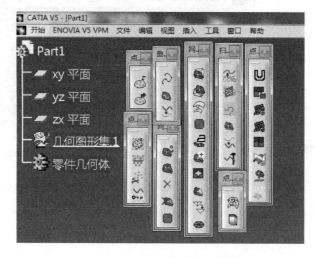

图 4-1-8　"逆向点云编辑"界面

2）定制工具条

把鼠标移到工具栏的空白处，右击鼠标，弹出如图 4-1-9 所示工具栏定制界面。勾选"点云输入""点云编辑""点云变换""点云操作""点云重定位""曲线创建""扫描创建"等工具条，"逆向点云编辑"工作台界面就会出现如图 4-1-8 所示的点云处理工具条。

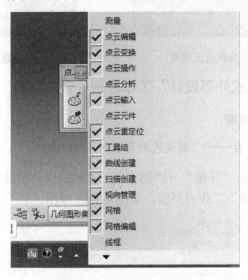

图 4-1-9　工具条定制界面

3）导入点云

单击"插入"→"输入"命令，或者单击"云输入"图标，弹出"输入"对话框，如图 4-1-10 所示。

图 4-1-10　"输入"对话框

设置文件"格式"为"Stl"，然后再单击"选择文件"栏列表框后的"浏览"按钮，打开点云文件存放路径和目录，选择需要的文件；其他参数默认，在"预览"框中单击"更新"按钮，屏幕界面预览显示如图 4-1-11 所示。单击"应用"按钮后再单击"确定"按钮，屏幕界面显示如图 4-1-12 所示导入的标准块点云。

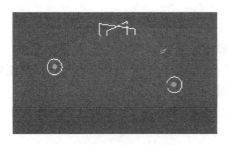

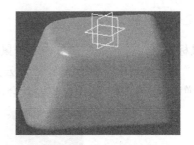

图 4-1-11　标准块点云预览　　　　　　图 4-1-12　导入的标准块点云

4.1.2　进入"创成式外形设计"工作台——创建曲面

【Step1】构建标准块顶面

1）进入曲面构建工作台——"创成式外形设计"工作台

如图 4-1-13 所示，单击"开始"→"形状"→"创成式外形设计"命令，CATIA 程序界面切换到"创成式外形设计"工作台界面，如图 4-1-14 所示。

图 4-1-13　选择"创成式外形设计"命令

图 4-1-14　"创成式外形设计"工作台界面

2）构建直线

（1）调用直线命令。

如图 4-1-15 所示，单击"插入"→"线框"→"直线"命令，弹出"直线定义"对话框，如图 4-1-16 所示。

（2）在对话框中设置"创建直线"方式。

在图 4-1-16 中，在"线型"下拉列表中选择"点-方向"，在"点"选择框内，单击鼠标右键弹出快捷菜单，单击"创建点"选项，弹出"点定义"对话框，如图 4-1-17 所示。

（3）定义直线起点。

在图 4-1-17 中，在"点类型"下拉列表中选择"平面上"，在"平面"选择框内，单击鼠标右键弹出快捷菜单，选中"xy 平面"；分别在"H""V"输入框内设置参数为"0mm"，单击"确定"按钮后自动返回到"直线定义"对话框。

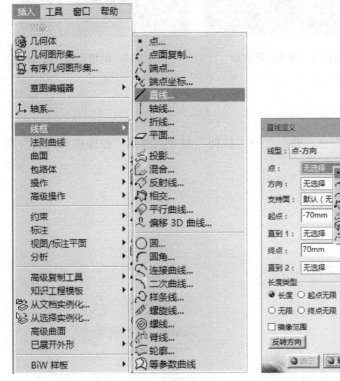

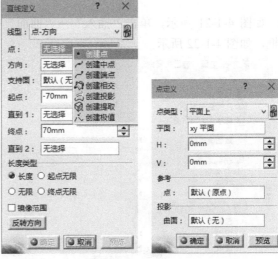

图 4-1-15　调用"直线"命令操作路径　　图 4-1-16　创建直线对话框　图 4-1-17　"点定义"对话框

（4）定义直线方向。

在"直线定义"对话框中设置直线方向，在"方向"选择框内单击鼠标右键，在弹出的快捷菜单中选择"X 部件"；在"支持面"选择框内单击鼠标右键，在弹出的快捷菜单中选择"xy 平面"，如图 4-1-18 所示。

（5）定义直线终点及其他参数。

在图 4-1-18 中，在"起点"设置框内输入数据"-70mm"；在"终点"设置框内输入数据"70mm"，预览如图 4-1-19 所示；其他选择框内保持"无选择"；在"长度类型"区域内，勾选"长度"单选钮,最后单击"确定"按钮完成"直线 3"的创建,如图 4-1-20 所示。

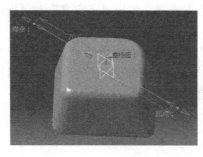

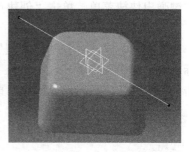

图 4-1-18　创建直线的方向　　　图 4-1-19　预览创建直线　　　图 4-1-20　创建完成直线 3

【Step2】拉伸创建顶面

1)调用拉伸曲面命令

如图 4-1-21 所示,单击"插入"→"曲面"→"拉伸"命令,弹出"拉伸曲面定义"对话框,如图 4-1-22 所示。

图 4-1-21　调用"拉伸"命令路径

图 4-1-22　"拉伸曲面定义"对话框

2）定义拉伸轮廓

移动鼠标到绘图区域，选择刚刚创建的直线 3 后，在图 4-1-22 中，"轮廓"显示为"直线.3"。

3）定义拉伸方向

在"拉伸曲面定义"对话框中，在"方向"输入框中，单击鼠标右键，在弹出的快捷菜单中选择"Y 部件"。

4）设置"拉伸曲面定义"对话框中的其他参数

在"拉伸限制"栏区域，限制 1"类型"为"尺寸"，"尺寸"设置框内输入数据"60mm"；限制 2"类型"为"尺寸"，"尺寸"设置框内输入数据"60mm"。

5）创建拉伸曲面

完成选择与设置后，单击"确定"按钮，激活并完成顶面创建，如图 4-1-23 所示。

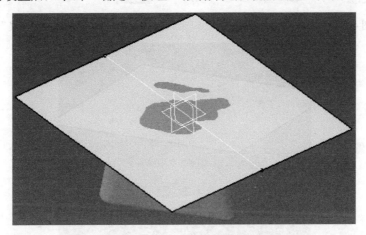

图 4-1-23　拉伸出的顶面

【Step3】偏置形成底面

1）调用拉伸曲面命令

如图 4-1-24 所示，单击"插入"→"曲面"→"偏移"命令，弹出"偏移曲面定义"对话框，如图 4-1-25 所示。

2）选择偏置对象

在图 4-1-25 中，激活对话框内"曲面"选项，移动鼠标到绘图区域选择上步拉伸的顶面——"拉伸.3"。

3）设置偏移距离

在图 4-1-25 中，在对话框"偏移"设置框中输入"40.6mm"，完成选择与设置后，对话框中"确定"按钮可用，单击"确定"按钮完成底面的创建，如图 4-1-26 所示。

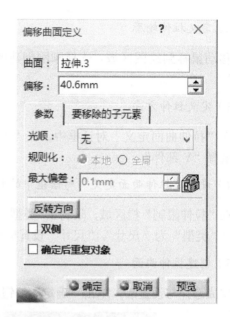

图 4-1-24　偏移底面的操作　　　　图 4-1-25　"偏移曲面定义"对话框

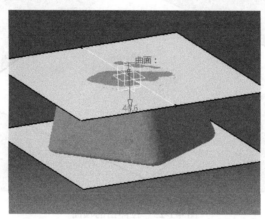

图 4-1-26　偏移的底面

4）隐藏拉伸和偏移的曲面

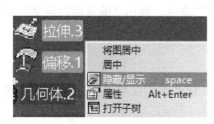

图 4-1-27　隐藏对象

如图 4-1-27 所示，在视图区左侧的结构树中，单击"拉伸.3"的同时按住"Shift"键，再选择"偏移.1"，单击鼠标右键，在弹出的快捷菜单中选择"隐藏"命令，将选中的"拉伸.3"和"偏移.1"对象隐藏。

【Step4】创建前侧面

1）进入自由曲面工作台

如图 4-1-28 所示，单击"开始"→"形状"→"自由曲面"命令，CATIA 程序界面切换到"自由曲面"界面，如图 4-1-29 所示。

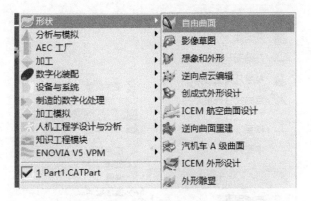

图 4-1-28 切换到"自由曲面"界面的路径

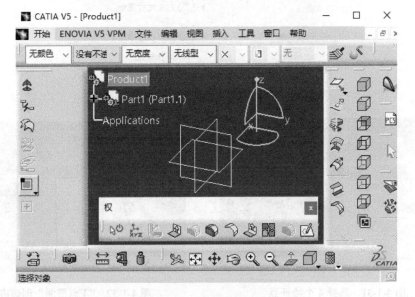

图 4-1-29 "自由曲面"界面

2）"4 点缀面"创建曲面

（1）调用"4 点缀面"命令。

如图 4-1-30 所示，单击"插入"→"曲面创建"→"4 点缀面"命令。

（2）捕捉 4 个特征点。

移动鼠标到图形区域；在标准块"点云"的前特征面上用鼠标捕捉 4 个点，选择一点，单击鼠标左键，再移动鼠标单击左键，选择第二点，以此类推，完成 4 个点的选择后如图 4-1-31 所示；系统自动形成"4 点缀面"曲面，如图 4-1-32 所示。

3）创建"3 点缀面"

（1）切换到"创成式外形设计"工作平台。

单击"开始"→"形状"→"创成式外形设计"命令，CATIA 程序界面转换到"创成式外形设计"界面。

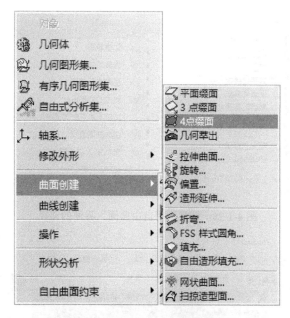

图 4-1-30　进入"4 点缀面"路径

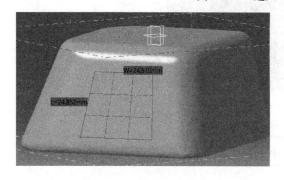

图 4-1-31　选择 4 个特征点

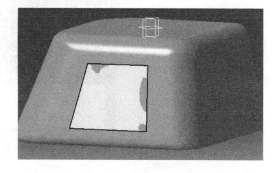

图 4-1-32　"4 点缀面"创建成曲面

（2）调用创建平面命令。

如图 4-1-33 所示，单击"插入"→"线框"→"平面"命令，弹出"平面定义"对话框，如图 4-1-34 所示。

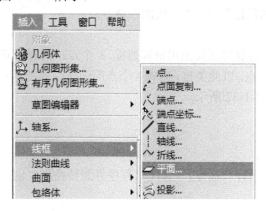

图 4-1-33　创建平面的操作路径

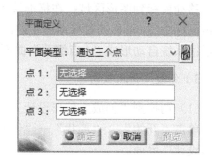

图 4-1-34　"平面定义"对话框

（3）设置平面类型。

在图 4-1-34 中，设置"平面类型"为"通过三个点"。

（4）捕捉创建平面的 3 个点。

如图 4-1-35 所示，移动鼠标到图形区域，捕捉平面上的任意 3 个顶点，最后单击"确定"按钮，完成创建的基准平面，如图 4-1-36 所示。

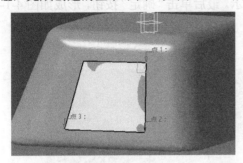

图 4-1-35 捕捉创建基准平面的 3 个点

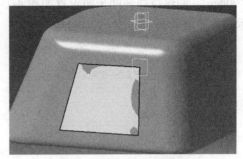

图 4-1-36 创建的基准平面

4）绘制草图直线

（1）进入草图编辑器。

如图 4-1-37 所示，单击"插入"→"草图编辑器"→"草图"命令，选择上一步操作所创建的基准平面，系统自动调节视图方向，进入草图绘制截面。

（2）绘制直线。

如图 4-1-38 所示，单击"插入"→"轮廓"→"直线"→"直线"命令，画一条水平的直线，单击屏幕右侧的"退出工作台"图标 ，完成并退出草图，其效果如图 4-1-39 所示。

图 4-1-37 绘制草图的操作路径

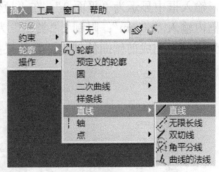

图 4-1-38 进入草图中绘制直线的操作路径

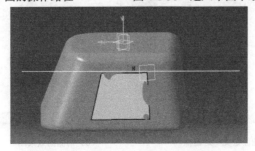

图 4-1-39 绘制草图直线的效果图

5）拉伸辅助平面

单击"插入"→"线框"→"平面"命令，弹出"平面定义"对话框，在"平面类型"下拉列表中选择"与平面成一定角度或垂直"；选择上一步操作中创建的草图直线，该对话框内"旋转轴"立即显示"草图.5"；选择上一步骤中创建的基准平面，在"角度"设置框内输入"90deg"，创建拉伸辅助平面设置如图4-1-40所示。最后单击"确定"按钮，形成如图4-1-41所示的拉伸辅助面。

图4-1-40　创建拉伸辅助平面设置

图4-1-41　创建的拉伸辅助平面

6）拉伸草图直线——形成侧面

单击"插入"→"曲面"→"拉伸"命令，弹出"拉伸曲面定义"对话框，如图4-1-42（a）所示。"轮廓"输入框设置为"草图.1"；单击对话框中的"方向"使之激活，选中创建的拉伸辅助平面，输入框中显示为"平面.2"；在"拉伸限制"区域，限制1"类型"为"尺寸"，"尺寸"设置框内输入"60mm"；限制2"类型"为"尺寸"，"尺寸"设置框内输入"60mm"，单击"确定"按钮，完成前侧面的创建，其效果如图4-1-42（b）所示。

（a）"拉伸曲面定义"对话框

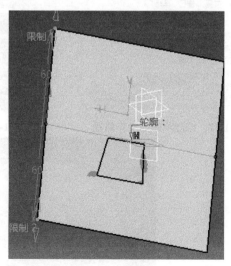

（b）前侧面效果图

图4-1-42　完成前侧面的创建操作

【Step5】创建其余 3 个侧面

重复 Step4 的操作，分别创建其余 3 个侧面，其效果如图 4-1-43 所示。

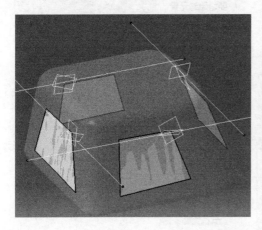
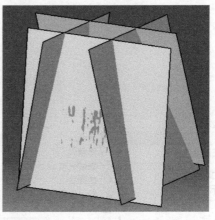

图 4-1-43 侧面创建效果图

单击左侧结构树，选择所有 6 个面，单击鼠标右键，在弹出的快捷菜单中选择"显示"命令，将 6 个面全部显示，如图 4-1-44 所示。

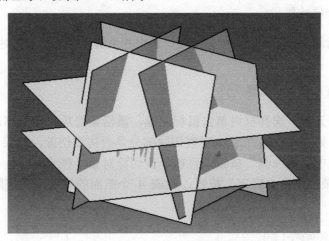

图 4-1-44 显示标准块的 6 个面

【Step6】修剪侧面

1）调用命令

如图 4-1-45 所示，单击"插入"→"操作"→"分割"命令，弹出"定义分割"对话框，如图 4-1-46 所示。

2）设置多选

因为要切除的元素不止一个，故单击"要切除的元素"选择框后面的"多选模式"按钮。

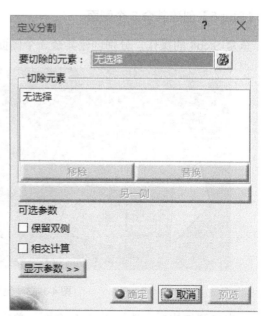

图 4-1-45　调用"分割"命令路径　　　　　　图 4-1-46　"定义分割"对话框

3）选择要切除的对象

如图 4-1-47 所示，移动鼠标到绘图区域，选中各个侧面，其显示在对话框中"要切除的元素"选择框内。

4）选择"切除元素"的边界

在"要切除的元素"选择框内单击鼠标左键，激活该选项；然后移动鼠标，选中标准块的顶面和底面，如图 4-1-48 所示，观察切除部分是否需要切除，如果不是，如图 4-1-49 所示，单击对话框中"另一侧"按钮或直接单击切除对象（在分割时，显示的颜色为淡色是被切掉部分），最后单击"确定"按钮，完成 4 个侧面的修剪，其切除效果如图 4-1-50 所示。

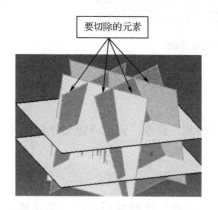

图 4-1-47　选择"要切除的元素"

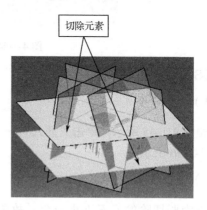

图 4-1-48　选择"切除元素"的边界

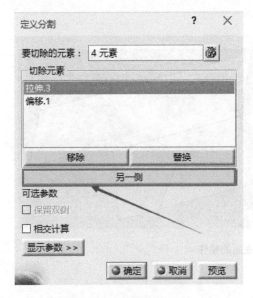

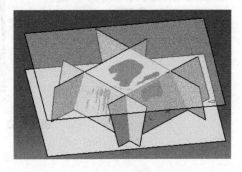

图 4-1-49 "另一侧"选项　　　　　　　　　图 4-1-50 切除效果图

【Step7】修剪顶面及底面

按照 Step6 的操作步骤，再次分割要切除的元素，即顶面，如图 4-1-51 所示，"切除元素"为各个侧面，通过"另一侧"选择要切除的部分，单击"确定"按钮完成切除。

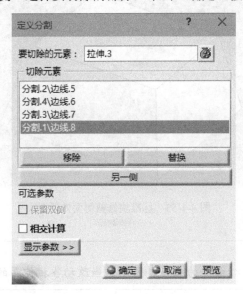

图 4-1-51 分割顶面的操作

按照 Step6 的操作步骤，再次分割要切除的元素，即底面，"切除元素"为各个侧面，通过"另一侧"选择要切除的部分，单击"确定"按钮完成切除，如图 4-1-52 所示。

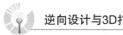
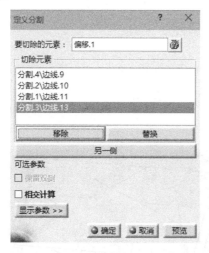

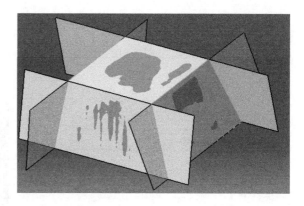

图 4-1-52　分割底面的操作

【Step8】修剪侧面

按照 Step6 的操作步骤，再次分割要切除的元素，即为相对侧面，"切除元素"为另一对相对侧面，通过"另一侧"选择要切除的部分，单击"确定"按钮完成切除。操作两次，其效果如图 4-1-53 所示。

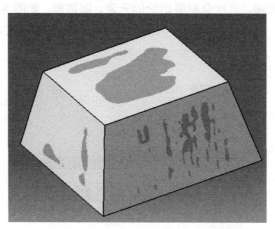

图 4-1-53　标准块修剪侧面效果图

温馨提示

若出现报告××曲面与××曲面为相接，可以适当改动各拉伸面的长度。

【Step9】曲面接合

首先将标准块的点云隐藏，如图 4-1-54 所示。如图 4-1-55 所示，单击"插入"→"操作"→"接合"命令，弹出"接合定义"对话框，如图 4-1-56 所示。如图 4-1-57 所示，框选所有曲面，单击"确定"按钮完成"接合"创建。

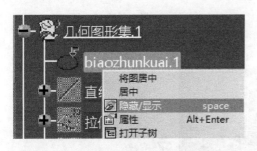

图 4-1-54 隐藏标准块点云

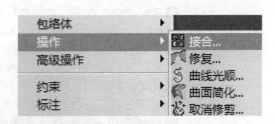

图 4-1-55 调用"接合"命令路径

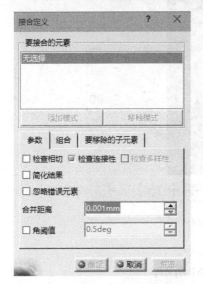

图 4-1-56 "接合定义"对话框

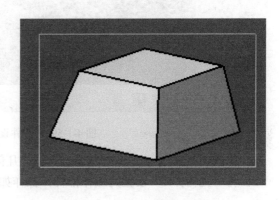

图 4-1-57 框选标准块所有曲面

4.1.3 封闭曲面，形成实体

【Step1】封闭曲面创建实体

（1）如图 4-1-58 所示，单击"开始"→"机械设计"→"零件设计"命令，CATIA 切换到"零件设计"工作台，如图 4-1-59 所示。

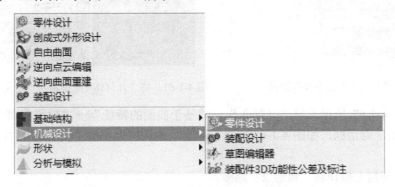

图 4-1-58 进入"零件设计"工作台路径

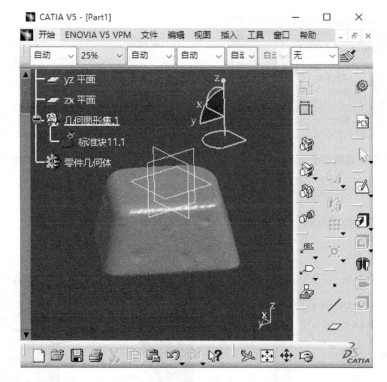

图 4-1-59　"零件设计"工作台

（2）如图 4-1-60 所示，单击"插入"→"几何体"命令。

（3）将"几何体.1"设置为工作部件，操作如图 4-1-61 所示。

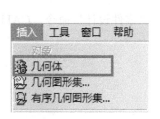

图 4-1-60　"几何体"命令操作路径

图 4-1-61　将"几何体.1"设置为"定义工作对象"

（4）如图 4-1-62 所示，单击"插入"→"基于曲面的特征"→"封闭曲面"命令，弹出"定义封闭曲面"对话框，如图 4-1-63 所示。单击"结构树"中的"接合.2"，并单击"确定"按钮。

（5）在几何树上操作将"接合.2"隐藏。

（6）实体创建完成，如图 4-1-64 所示。

图 4-1-62 "封闭曲线"命令路径

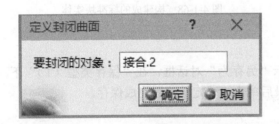

图 4-1-63 "定义封闭曲面"对话框

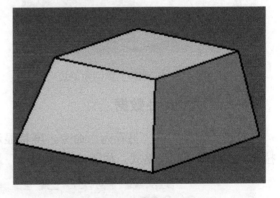

图 4-1-64 实体化后的标准块

【Step2】倒圆角

（1）操作几何树，显示标准块的点云。

（2）如图 4-1-65 所示，单击"插入→"修饰特征"→"倒圆角"命令，弹出"倒圆角定义"对话框，如图 4-1-66 所示。

（3）如图 4-1-67 所示，选择要倒圆角的边；输入倒圆角的"半径"为"5mm"，观察倒圆角与点云贴合程度，调节圆角半径，贴合后，单击"确定"按钮，完成倒圆角操作。

（4）重复上一步骤的操作，分别倒出"半径"为"15mm"，"21mm"，"6mm"，"2.2mm"的圆角。

（5）再次将点云隐藏，完成标准块实体构建，其效果如图 4-1-68 所示。

（6）单击"保存"按钮，保存标准块 CATIA 文件。

逆向设计与3D打印

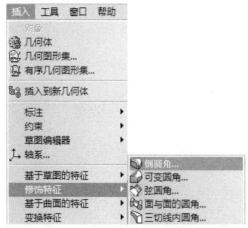

图 4-1-65 "倒圆角"的操作路径

图 4-1-66 "倒圆角定义"对话框

图 4-1-67 选择要倒圆角的边

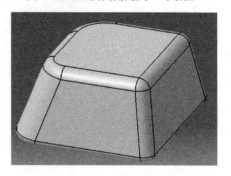

图 4-1-68 构建成的标准块实体

4.1.4 导出 .stl 数据

单击"文件"→"另存为"命令，屏幕显示"另存为"对话框，在"保存类型（T）"下拉列表中选择"stl"格式，如图 4-1-69 所示，最后单击"确定"按钮完成保存。

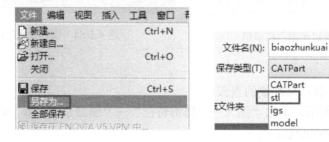

图 4-1-69 数据导出为"stl"格式的文件

相关知识

1. CATIA 曲面模块功能介绍

曲面设计模块是 CATIA 中功能强大、灵活而又难以掌握的部分。现在很多 CAD 软件的曲面设计功能较弱，而 CATIA 在此方面功能强大。CATIA 曲面设计工作环境允许设计者快速生成具有特定风格的外形及曲面，交互式编辑曲线及曲面，并借助各种曲线、曲面诊断工具，可以实时检查曲线、曲面的质量。

2．"创成式外形设计"工作台

CATIA 基本曲面设计工作台主要使用的是"创成式外形设计"工作台。

1）进入"创成式外形设计"工作台

单击"开始"→"形状"→"创成式外形设计"命令，进入曲面"创成式外形设计"工作台操作路径如图 4-1-70 所示。"创成式外形设计"工作台用户界面如图 4-1-71 所示。

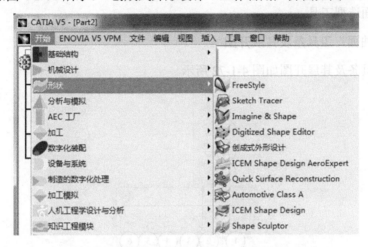

图 4-1-70 进入"创成式外形设计"工作台操作路径

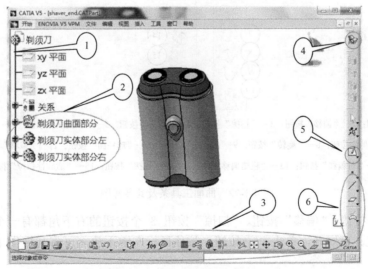

1—结构树；2—各种几何图形集、有序几何图形集和几何体；3—"标准"工具栏；

4—"工作台"按钮；5—"草图"编辑器；6—"外形设计"工具

图 4-1-71 "创成式外形设计"工作台用户界面

2）"创成式外形设计"工作台用户界面简介

"创成式外形设计"工作台由以下 6 部分组成。

（1）结构树。

（2）各种几何图形集、有序几何图形集和几何体。

（3）"标准"工具栏。

（4）"工作台"按钮。

（5）"草图"编辑器。

（6）"外形设计"工具。

逆向设计一般由点构线，由线构面。这里介绍"创成式外形设计"工作台的"曲面"和"操作"两种曲面造型工具。

3．创建"曲面"工具条及其展开图

"曲面"工具条及其展开图如图 4-1-72 所示。

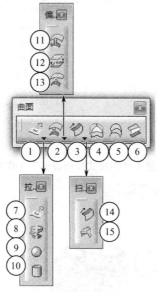

1—"拉伸"按钮；2—"偏移"按钮；3—"扫掠"按钮；4—"填充"按钮；5—"多截面"按钮；6—"桥接"按钮；

7—"拉伸"按钮；8—"旋转"按钮；9—"球面"按钮；10—"球柱面"按钮；11—"偏移"按钮；

12—"可偏移"按钮；13—"粗略偏移"按钮；14—"扫掠"按钮；15—"适应性扫掠"按钮

图 4-1-72　曲面工具条及其展开图

在"拉伸"按钮、"偏移"按钮、"扫掠"按钮 3 个按钮的右下角都有一个黑三角，是其各自的下拉列表，可展开，单击 ▬▬ 按钮，按住鼠标左键不放，可将其拖出单列为工具条，见图 4-1-72。

由于篇幅所限，我们只简单介绍一下"曲面"工具条中拉伸、旋转、球面、球柱面等部分工具的使用方法。

1）拉伸

拉伸功能将曲线沿某一方向进行延伸操作而形成曲面。其创建方法如下：

（1）单击"曲面"工具条中的🖋按钮，弹出"拉伸曲面定义"对话框，如图 4-1-73 所示。

（2）选取拉伸"轮廓"：选取的元素会显示在文本框中。

（3）指定拉伸"方向"。

（4）设置拉伸长度。在"拉伸限制"中可以设置，"类型"选取设置方式，有两种选择：尺寸和元素。尺寸是通过数值来确定拉伸长度，元素是通过选取几何对象来确定拉伸长度。可以在对话框中设置，也可以通过拖曳图 4-1-74 所示限制 1 或限制 2 的绿色箭头来调整。"限制 1"确定沿拉伸方向长度；"限制 2"确定沿拉伸方向反向长度。对话框中设置的数值可正、可负；负值为反方向长度。

（5）单击"确定"按钮完成创建。

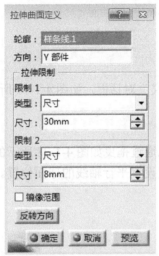

图 4-1-73 "拉伸曲面定义"对话框   图 4-1-74 拉伸预览及结果

温馨提示

A. 拉伸轮廓不限定为曲线，任何几何元素都可以作为拉伸轮廓。

B. 复选框"镜像范围"，选中为对称拉伸，限制 1 和限制 2 长度一样。

C. 单击"反转方向"按钮可使拉伸方向反向。

2）旋转

旋转可将一曲线沿中心轴旋转成一曲面。其创建方法如下：

（1）单击"曲面"工具条中的🖋按钮，弹出"旋转曲面定义"对话框，如图 4-1-75 所示。

（2）选取拉伸"轮廓"：选取的元素会显示在文本框中。

（3）指定"旋转轴"。草图中有轴线，选默认。

（4）设置旋转"角度"。"角限制"可以在对话框中设置，也可以通过拖曳如图 4-1-76 所示"角度 1"和"角度 2"的绿色箭头来调整。"角度 1"确定起始角度；"角度 2"确定终止角度。对话框中设置的数值可正、可负。

（5）单击"确定"按钮完成创建。

图 4-1-75　旋转对话框

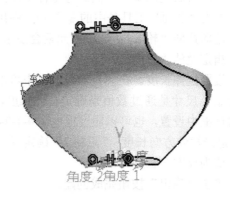

图 4-1-76　旋转曲面

3）球面

球面：可通过经、纬线直接创建球面。其创建方法如下：

（1）单击"曲面"工具条中的◯按钮，弹出"球面曲面定义"对话框，如图 4-1-77 所示。

（2）选取球面"中心"：选取的元素会显示在文本框中。

（3）指定"球面轴线"。默认绝对坐标系为 Z 轴。

（4）设置"球面限制"。限制可以在对话框中设置，也可以通过拖曳如图 4-1-78 所示的绿色箭头来调整。纬线角度设置垂直轴线的球面位置；经线角度设置平行轴线的球面位置。对话框中设置的数值可正、可负。

（5）单击"确定"按钮完成创建。

图 4-1-77　"球面曲面定义"对话框

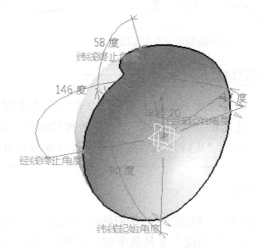

图 4-1-78　创建部分球面

4）球柱面

球柱面：可通过柱面中心、轴线方向、半径与长度直接创建球柱面。其创建方法如下：

（1）单击"曲面"工具条中的 按钮，弹出"圆柱曲面定义"对话框，如图 4-1-79 所示。

（2）选取柱面中心"点"：选取的元素会显示在文本框中。

（3）指定柱面"方向"。

（4）设置"参数"。可在对话框中设置，也可以通过拖曳如图 4-1-80 所示的绿色箭头来调整。对话框中设置的数值可正、可负。

（5）单击"确定"按钮完成创建。

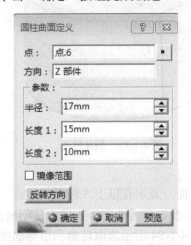

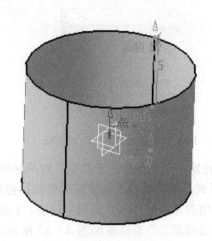

图 4-1-79　"柱面曲面定义"对话框　　　　图 4-1-80　创建柱面

勾选复选框"镜像范围"为对称，创建"长度 1"和"长度 2"相同的柱面。

5）偏移

曲面偏移可以让曲面沿着其法向量偏移，并建立新曲面。其创建方法如下：

（1）单击"曲面"工具条中的 按钮，弹出"偏移曲面定义"对话框，如图 4-1-81 所示。

（2）选取要偏移的"曲面"：选取的元素会显示在文本框中。

（3）指定"偏移"量。可在对话框中设置，也可以通过拖曳如图 4-1-82 所示的绿色箭头来调整。对话框中设置的数值可正、可负。负值方向相反。

（4）设置"参数"。手动可设置"最大偏差"。

（5）单击"确定"按钮完成创建。

6）扫掠

扫掠可以把轮廓线沿着一条空间曲线扫掠成曲面。在创建复杂曲面时，可以引入引导曲线和一些相关元素。其创建方法如下：

（1）单击"曲面"工具条中的 按钮，弹出"扫掠曲面定义"对话框，如图 4-1-83 所示。

（2）单击"轮廓类型"右边的按钮 选取轮廓类型：

——显式；

——直线；

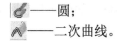
——圆；

——二次曲线。

图 4-1-81 "偏移曲面定义"对话框

图 4-1-82 偏移柱面

（3）指定"子类型"："子类型"对应轮廓类型。

① 显式：该方式利用精确轮廓曲线扫描形成曲面。显示有以下 3 种子类型。

● 使用参考曲面：该方式利用轮廓、1 条引导曲线、参考曲面等 3 种方法创建曲面。"扫掠曲面定义"对话框如图 4-1-83 所示，按图 4-1-84 所示选取轮廓和引导曲线，其他选项均为默认，单击"预览"按钮，其预览如图 4-1-85 所示。单击"确定"按钮完成创建。扫掠结果如图 4-1-86 所示。

● 使用两条引导曲线：该方式利用轮廓、2 条引导曲线、2 个定位点创建曲面。按图 4-1-87 所示选取"轮廓""引导曲线""定位点"，其他选项均为默认，单击"确定"按钮完成创建。

● 使用拔模方向：该方式利用"轮廓""引导曲线""方向""角度"（定义曲面起始位置）创建曲面。按图 4-1-88 所示选取"轮廓""引导曲线""方向"，其他选项均为默认，单击"确定"按钮完成创建。

② 直线：该方式主要利用线性方式创建扫描直纹面。直线有以下 7 种子类型。

● 两极限：该方式利用两极限创建扫掠。

● 极限和中间：该方式指定 2 条引导曲线，然后系统将第二条引导曲线作为扫掠面的中间曲线创建扫掠。

● 使用参考曲面：该方式利用参考曲面和引导曲线创建扫掠面。引导曲线必须完全在参考曲面上。

● 使用参考曲线：该方式利用 1 条引导曲线及 1 条参考曲线创建扫掠面，创建的曲面以引导曲线为起点沿参考曲线向两边延伸。

● 使用切面：该方式以 1 条曲线作为扫掠曲面的引导曲线，创建扫掠曲面以引导曲线为起点，与参考曲面相切。

● 使用拔模方向：该方式利用引导曲线和矢量方向创建扫掠面，创建扫掠曲面在指定矢量方向以选取的直线长度为轮廓沿引导曲线扫描。

● 使用双切面：该方式利用两相切曲面创建扫掠曲面，创建扫掠曲面与选取的两曲面相切。

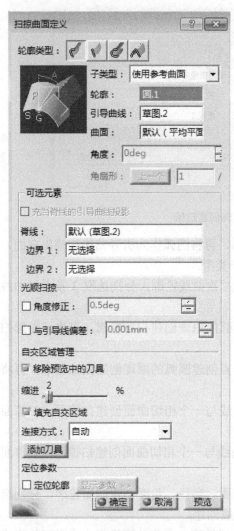

图 4-1-83 "扫掠曲面定义"对话框

图 4-1-84 定义扫掠对象

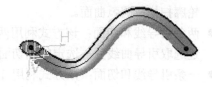

图 4-1-85 扫掠预览

图 4-1-86 扫掠结果

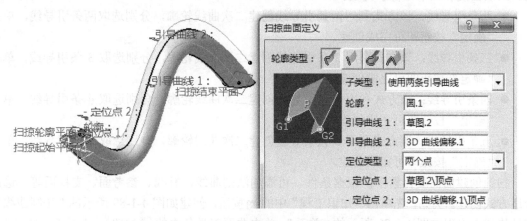

图 4-1-87 使用两条引导曲线创建扫掠

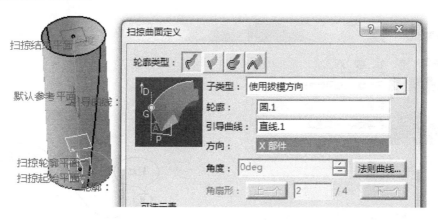

图 4-1-88　使用拔模方向创建扫掠

③ 圆：该方法主要利用几个几何元素建立圆弧，再将圆弧作为引导曲线扫描出曲面。单击曲面工具条中 按钮→ 按钮，圆有以下 6 种子类型。

- 三条引导线：该方式利用 3 条引导曲线创建二次曲线轮廓，分别选取 3 条引导曲线，单击"确定"按钮即可完成创建。
- 两个点和半径：该方式利用两点与半径成圆弧的原理创建扫掠轮廓，再将该轮廓扫掠成圆弧曲面。
- 中心和两个角度：该方式利用圆心与圆上一点创建圆弧的原理创建扫掠轮廓，再将该轮廓扫描成圆弧曲面。
- 两条引导线和切面：该方式利用两条引导曲线与一个相切曲面创建扫掠面，扫掠面通过选取引导曲线并与选定的相切面相切。
- 一条引导线和切面：该方式利用 1 条引导曲线与一个相切曲面创建扫掠面，扫掠面通过选取引导曲线并与选定的相切面相切。
- 限制曲线和切面：该方式利用限制曲线、切面、半径、角度创建曲面轮廓，分别选取限制曲线和切面，单击"确定"按钮即可完成创建。

④ 二次曲线：该方法主要利用约束创建二次曲线轮廓，再将轮廓沿指定方向延伸而成曲面。二次曲线有以下 4 种子类型。

- 两条引导线：该方式利用两条引导线创建二次曲线轮廓，分别选取两条引导线，单击"确定"按钮即可完成创建。
- 三条引导线：该方式利用 3 条引导线创建二次曲线轮廓，分别选取 3 条引导线，单击"确定"按钮即可完成创建。
- 四条引导线：该方式利用 4 条引导线创建二次曲线轮廓，分别选取 4 条引导线，单击"确定"按钮即可完成创建。
- 五条引导线：该方式利用 5 条引导线创建二次曲线轮廓，分别选取 5 条引导线，单击"确定"按钮即可完成创建。

扫掠创建曲面变化繁多，根据条件，可添加法则曲线、脊线、参考面、支撑面等，选用合适方式创建。例如，先单击"知识工程"中的 按钮，创建如图 4-1-89 所示的"法则曲线"，在结构树上出现如图 4-1-90 所示的"关系"。单击曲面工具条中的 按钮→ 按钮，弹出"扫掠曲面定义"对话框，如图 4-1-91 所示。选取"中心曲线"，单击"法则曲线"按钮，弹出"法则曲线定义"对话框，如图 4-1-92 所示。选取"法则曲线类型"为"高级"，单击结构树上的"法则曲线 1"，关闭"法则曲线定义"对话框，单击"扫掠曲面定义"对话框中的"预览"按钮，扫掠预览如图 4-1-93 所示。编辑图 4-1-89 所示公式 b=20mm+2mm*sin(a*3600deg)；其扫掠结果如图 4-1-94 所示。

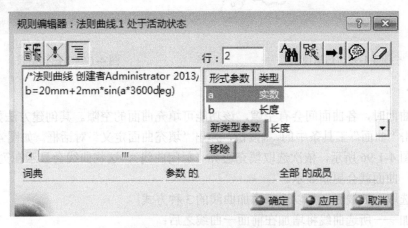

图 4-1-89　法则曲线编辑器

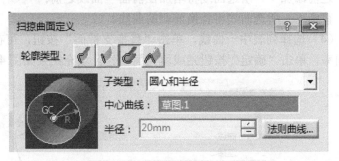

图 4-1-90　结构树　　　　　　　　图 4-1-91　"扫掠曲面定义"对话框

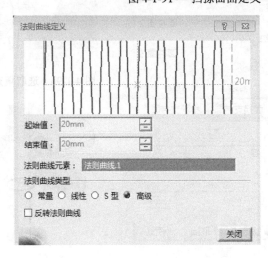

图 4-1-92　"法则曲线定义"对话框

图 4-1-93　扫掠预览　　　　　　　　　　图 4-1-94　扫掠结果

7）填充

在创建曲面时，各曲面间会有空隙，该功能可填充曲面的空隙。其创建方法如下：

（1）单击"曲面"工具条中的按钮，弹出"填充曲面定义"对话框，如图 4-1-95 所示。

（2）如图 4-1-96 所示，依次选取填充边界（封闭曲线），这些曲线会显示在列表框中，每选取一曲线，曲面就会更新显示。

（3）每选取一曲线后，可以选择添加曲线的 3 种方式：

之后添加——所选曲线将增加在前面一曲线之后；

之前添加——所选曲线将增加在前面一曲线之前；

替换——所选曲线将替换前面的曲线。

（4）选择列表中一曲线，单击"替换支持面"按钮，可在文本框中设置连续方式：切线和曲率，单击"确定"按钮完成填充面创建。填充结果如图 4-1-97 所示。

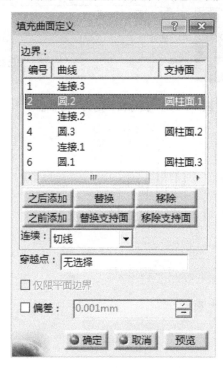

图 4-1-95　"填充曲面定义"对话框

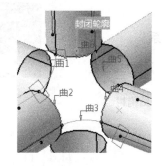

图 4-1-96　选取填充边界

图 4-1-97　填充结果

8）多截面

多截面是利用不同的轮廓线，以渐近的方式生成连接曲面。其创建方法如下：

（1）单击"曲面"工具条中的 按钮，弹出"多截面曲面定义"对话框，如图4-1-98所示。

（2）如图4-1-99所示，依次选两条及以上多截面轮廓，这些曲线会显示在列表框中。

（3）每选取一曲线后，可以单击右键选择添加曲线的3种方式：

之后添加——所选曲线将增加在前面一曲线之后；

之前添加——所选曲线将增加在前面一曲线之前；

替换——所选曲线将替换前面的曲线。

（4）可根据需要选取 1 条或多条引导曲线。添加引导曲线后可选取耦合方式：比率、相切、相切和比率。

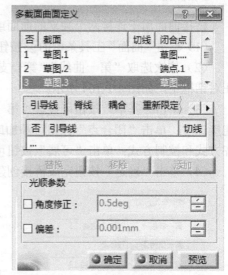

图 4-1-98 "多截面曲面定义"对话框

（5）如果是封闭曲面，闭合点不正确，单击"确定"按钮结果如图 4-1-100 所示，将无法创建。此时单击右键，在弹出的快捷菜单中选择替换闭合点，选取正确的闭合点，如图 4-1-101 所示。多截面创建结果如图 4-1-102 所示。

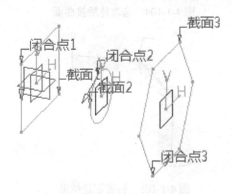

图 4-1-99 选取多截面轮廓

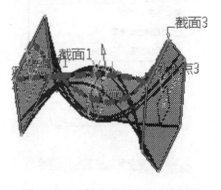

图 4-1-100 闭合点不正确无法创建

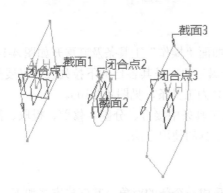

图 4-1-101 替换闭合点

图 4-1-102 多截面创建结果

9）桥接

桥接曲面用于连接两个独立的曲面或曲线。其创建方法如下：

（1）单击"曲面"工具条中的 按钮，弹出"桥接曲面定义"对话框，如图 4-1-103 所示。

（2）依次选取"第一曲线""第一支持面""第二曲线""第二支持面"，这些选择会显示在对话框中，如图 4-1-104 所示。

（3）单击"基本"按钮可设置"第一连续""第二连续"选项；单击"张度"按钮可调节连接深度；单击"闭合点"按钮可添加或编辑闭合点；单击"耦合/脊线"按钮可创建端点对齐方式和控制方式；单击"可展"按钮可调节桥接的开始和结束。

（4）单击"确定"按钮完成桥接创建，结果如图 4-1-105 所示。

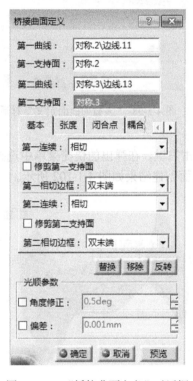

图 4-1-103 "桥接曲面定义"对话框

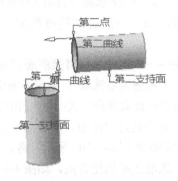

图 4-1-104 选取待桥接曲面

图 4-1-105 桥接创建结果

4. 曲面"操作"工具条及其展开图

对已经创建的线架及曲面进行修改称为操作，曲面"操作"工具条及其展开如图 4-1-106 所示。在"操作"工具条每个按钮右下角都有一个黑三角，是其各自的下拉列表，可展开，单击 按钮，按住鼠标左键不放，可将其拖出单列为工具条，见图 4-1-106。

由于篇幅所限，我们只简单介绍一下"曲面"工具条中接合、分割、修剪、提取、简单圆角、平移、旋转、对称、缩放、外插延伸等部分工具的使用方法。

1）接合

接合用于对已创建的几何图形元素进行合并以形成一个新的对象。其创建方法如下：

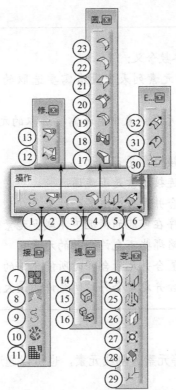

1—"几何"按钮；2—"分割"按钮；3—"边界"按钮；4—"简单圆角"按钮；5—"平移"按钮；6—"外插延伸"按钮；
7—"接合"按钮；8—"修复"按钮；9—"曲线光顺"按钮；10—"取消修剪面"按钮；11—"拆解"按钮；12—"分割"按钮；
13—"修剪"按钮；14—"边界"按钮；15—"提取"按钮；16—"多重提取"按钮；17—"三切线内圆角"按钮；
18—"面与面圆角"按钮；19—"样式圆角"按钮；20—"弦圆角"按钮；21—"可变圆角"按钮；22—"倒圆角"按钮；
23—"简单圆角"按钮；24—"平移"按钮；25—"旋转"按钮；26—"对称"按钮；27—"缩放"按钮；28—"放射"按钮；
29—"定位变换"按钮；30—"近接"按钮；31—"反转方向"按钮；32—"外插延伸"按钮

图 4-1-106　操作工具条及其展开

（1）单击"操作"工具条中的█按钮，弹出"接合定义"对话框，如图 4-1-107 所示。

（2）选取"要接合的元素"，这些选择会显示在对话框和结构树上。

（3）单击"确定"按钮完成创建，结果如图 4-1-108 所示。

图 4-1-107　"接合定义"对话框

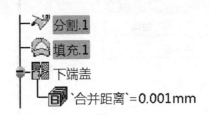

图 4-1-108　接合结果

温馨提示

"接合定义"对话框中的参数含义：

（1）添加模式——若合并元素列表中没有需要选取的元素，则加入该元素；有则保留。

（2）移除模式——若合并元素列表中有不需要选取的元素，则从列表中删除该元素；若没有则保持列表。

（3）检查相切——检查连接元素是否相切。

（4）检查连接性——检查连接元素是否连通。

（5）检查多样性——检查合并是否生成多个结果。

（6）简化结果——将使程序在可能的情况下，减少元素的数量。

（7）忽略错误元素——忽略那些不允许合并的元素。

（8）合并距离——用于设置合并元素合并时所能允许的最大距离。

（9）角阈值——用于设计合并元素合并时所允许的最大角度。

2）分割

分割可以通过点、线、面等元素分割线元素，也可以通过线元素或曲面分割曲面。其创建方法如下：

（1）单击"操作"工具条中的 按钮，弹出"分割定义"对话框，如图 4-1-109 所示。

（2）选取"要切除的元素"，这些选择会显示在列表框中。

（3）选取"切除元素"，如分割"修剪.2"及边界，如图 4-1-110 所示。

（4）单击"确定"按钮完成创建，结果如图 4-1-111 所示，把"修剪.2"以上部分切除了。

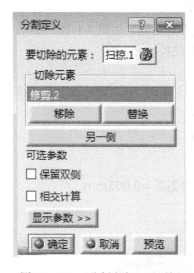

图 4-1-109 "分割定义"对话框

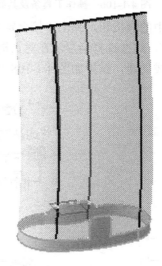

图 4-1-110 选择分割对象及边界

图 4-1-111 分割结果

温馨提示

"分割定义"对话框中的参数含义：
（1）移除——可以移除列表框中的元素。
（2）替换——可以替换列表中的元素。
（3）另一侧——可以改变保留侧。
（4）保留双侧——可以保留两侧，仅分开要切除的元素。

3）修剪

修剪可以修剪两个曲面或曲线。其创建方法如下：
（1）单击"操作"工具条中的 按钮，弹出"修剪定义"对话框，如图 4-1-112 所示。
（2）选取要"修剪元素"，这些选择会显示在列表框中，如图 4-1-113 所示。
（3）单击"确定"按钮完成创建，结果如图 4-1-114 所示。

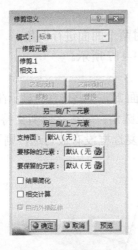

图 4-1-112 "修剪定义"对话框

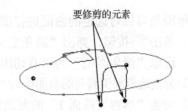

图 4-1-113 选择"修剪元素"

图 4-1-114 修剪结果

温馨提示

修剪可以在"修剪元素"列表中选择修剪对象以进行相关操作，还可以通过"要保留的元素""要移除的元素"进行设置。

4）提取

提取可以从已创建的几何图形中提取曲面边界或其他几何形状作为元素。按钮 提取几何形状的边界曲线；按钮 每次提取一个元素，按钮 可以同时提取多个元素。其创建方法如下：
（1）单击"操作"工具条中的 按钮，弹出"多重提取定义"对话框，如图 4-1-115 所示。
（2）选取"要提取的元素"，这些选择会显示在列表框中。可以提取曲面，也可以提取部分或全部边界，还可以提取点，其示意图如图 4-1-116 所示。

（3）单击"确定"按钮完成提取。

图 4-1-115 "多重提取定义"对话框

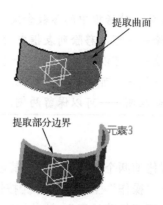

图 4-1-116 提取选取示意图

5）简单圆角

简单圆角可以对选定的曲面进行倒圆角。该工具可以对两个曲面进行倒角。

（1）单击 按钮，弹出"圆角定义"对话框，如图 4-1-117 所示。

（2）选取"圆角类型"为"双切线圆角"。

（3）分别选取要倒圆角的曲面作为"支持面 1"和"支持面 2"，这些选择会显示在列表框中。

（4）勾选"修剪支持面 1"的复选框，修剪支持面 1 至圆角；勾选"修剪支持面 2"的复选框，则修剪支持面 2 至圆角，如图 4-1-118 所示。如果该复选框没有被勾选，则不修剪，如图 4-1-119 所示。

图 4-1-117 "圆角定义"对话框

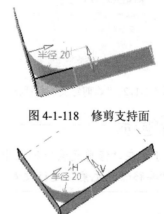

图 4-1-118 修剪支持面

图 4-1-119 不修剪支持面

（5）单击"确定"按钮完成倒圆角。

温馨提示

若选取"圆角类型"为"三切线内圆角"，则对话框如图 4-1-120 所示。分别选取"支持面 1""支持面 2"以及"要移除的支持面"，然后单击"确定"按钮完成"三切线内圆角"倒角，分别如图 4-1-121 和图 4-1-122 所示。

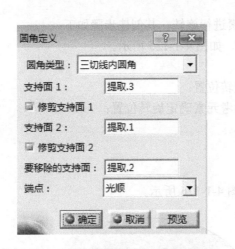

图 4-1-120　圆角类型设置为三切线内圆角

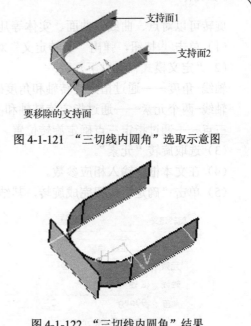

图 4-1-121　"三切线内圆角"选取示意图

图 4-1-122　"三切线内圆角"结果

6）平移

平移可以对点、曲线、曲面、实体等几何元素进行平移。其创建步骤如下：

（1）单击 ▇ 按钮，弹出"平移定义"对话框，如图 4-1-123 所示。

（2）"向量定义"有以下几种类型：

方向、距离——通过指定平移方向和距离确定平移位置；

点到点——通过指定起始点和终止点确定平移位置；

坐标——通过指定坐标位置确定平移位置。

（3）选取平移"元素"。

（4）在文本框中输入相应参数。

（5）单击"确定"按钮完成平移，其结果如图 4-1-124 所示。

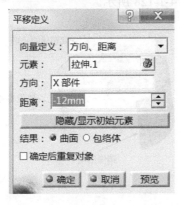

图 4-1-123　"平移定义"对话框

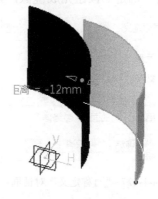

图 4-1-124　平移结果

7）旋转

旋转可以对点、曲线、曲面、实体等几何元素进行旋转。其创建步骤如下：

（1）单击 按钮，弹出"旋转定义"对话框，如图4-1-125所示。

（2）"定义模式"有以下几种：

轴线-角度——通过指定旋转轴和角度确定旋转位置；

轴线-两个元素——通过指定旋转轴和两个参考元素确定旋转位置；

三点——通过指定三点确定旋转位置。

（3）选取旋转"元素"。

（4）在文本框中输入相应参数。

（5）单击"确定"按钮完成旋转，其结果如图4-1-126所示。

图4-1-125 "旋转定义"对话框

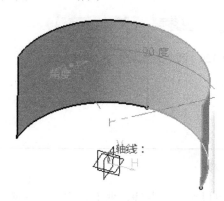

图4-1-126 旋转结果

8）对称

对称可以对点、曲线、曲面、实体等几何元素相对点、线、面进行镜像。其创建步骤如下：

（1）单击 按钮，弹出"对称定义"对话框，如图4-1-127所示。

（2）选取要镜像的"元素"。

（3）分别选取镜像"参考"，这些选择会显示在列表框中。

（4）单击"确定"按钮完成镜像，其结果如图4-1-128所示。

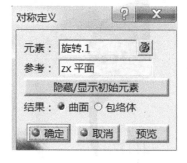

图4-1-127 "对称定义"对话框

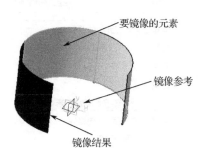

图4-1-128 对称结果

9）缩放

缩放可以对某一几何元素进行等比例缩放，缩放的参考基准可以为点或平面。其创建步骤如下：

（1）单击 按钮，弹出"缩放定义"对话框，如图 4-1-129 所示。

（2）选择缩放"元素""比率"及"参考点"。

（3）单击"确定"按钮完成缩放，其结果如图 4-1-130 所示。

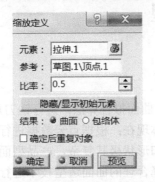

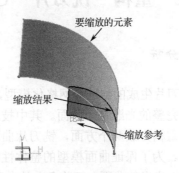

图 4-1-129　"缩放定义"对话框　　　　　　图 4-1-130　缩放结果

10）外插延伸

外插延伸可以让几何元素由其原来的边线向外延伸。其创建步骤如下：

（1）单击 按钮，弹出"外插延伸定义"对话框，如图 4-1-131 所示。

（2）选取要延伸的"边界"。

（3）选取"外插延伸的"对象，这些选择会显示在列表框中。

（4）设置"限制"方式及相应参数。

（5）单击"确定"按钮完成外插延伸，其结果如图 4-1-132 所示。

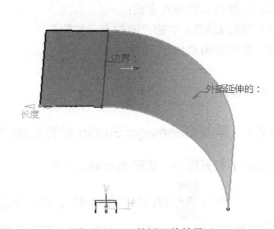

图 4-1-131　"外插延伸定义"对话框　　　　　　图 4-1-132　外插延伸结果

曲面常用工具还有线架构与曲面编辑，这里不再详细介绍。

完成肥皂盒曲面重构。

任务 4.2　重构"铣刀片"CAD 模型

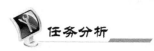 任务分析

　　根据铣刀片生成的特征线网格化模型，按照一定的曲面拟合算法，进行铣刀片曲面重构，要求连接成完整的光顺复杂曲面。其中技术难点主要体现在：根据点云数据进行曲面拟合的算法和曲面重构方法两个方面，铣刀片曲面对象边界和形状极其复杂，产品型面是由多张曲面混合而成。为了保证曲面模型的整体性能，必须选择合理的曲面造型技术进行拟合，生成若干个封闭、光滑的曲面，再将各分块曲面通过拼接、过渡、延伸、裁剪、光顺等技术处理，最终获得铣刀片实体表面形状、尺寸精度范围内的曲面模型。

 任务引入

　　铣刀片曲面造型主要是使用 CATIA 软件进行逆向点云曲面的重构，其中有许多处理技巧，用 CATIA 打开任务 3.2 节保存的点云（.stl 格式）。观察铣刀片的实体和点云可知，铣刀片由顶面、底面、侧面及内孔组成。顶面和底面是平面，可用直线拉伸或直接拟合平面；侧面较为复杂，由许多小平面倒圆构建；内孔最为重要，铣刀片以此来定位，是圆柱锥孔。我们可以先构建上下两个大面和一个刀片加工面，得出铣刀片的大概外形，再对其做出沉头孔部分，与外形分割后，构建成铣刀片模型。完成本次任务可达到以下 4 个目的：

　　（1）熟悉 CATIA 软件操作；

　　（2）掌握点云的导入方式；

　　（3）掌握 CATIA 中的"逆向点云编辑"；

　　（4）能够应用 CATIA 重构曲面。

 任务实施

4.2.1　导入 Geomagic Studio 封装后的铣刀片点云数据

【Step1】打开软件，新建 daopian 文件

　　双击桌面图标[图标]打开 CATIA V5R21，进入系统默认界面打开 CATIA 软件，单击"新建"命令[图标]，弹出"新建"对话框，如图 4-2-1 所示，选择"Part"类型部件，单击"确定"按钮，

弹出"新建零件"对话框，如图 4-2-2 所示。将新建的 Part 部件命名为"daopian"输入"输入零件名称"栏，单击"确定"按钮。

图 4-2-1 "新建"对话框

图 4-2-2 "新建零件"对话框

【Step2】进入"逆向点云编辑"工作台

如图 4-1-8 所示，单击"开始"→"形状"→"逆向点云编辑"命令，CATIA 程序界面转换到"逆向点云编辑"界面，如图 4-2-3 所示。

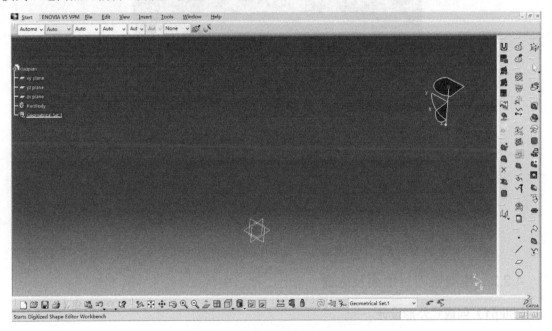

图 4-2-3 "逆向点云编辑"界面

【Step3】导入铣刀片点云

单击 图标，进入"云形点输入"界面，单击"Selected File"命令，弹出"输入"对话框，选择名称"daopian.stl"的文件，如图 4-2-4 所示。

图 4-2-4　点云导入对话框

读入点云数据：可读入不同类型的点云数据，此次导入的数据类型为 Geomagic Studio2014 处理过的".stl"点云数据。

此时，铣刀片的点云数据就显示在 CATIA 界面中，如图 4-2-5 所示。

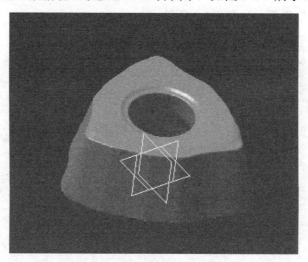

图 4-2-5　铣刀片点云数据

4.2.2　建立铣刀片顶面及底面

【Step1】创成式外形设计

单击"开始"→"形状"→"创成式外形设计"命令，CATIA 程序界面切换到如图 4-1-15 所示"创成式外形设计"工作台界面。

【Step2】进入草图工作台

单击草图 图标，工作平面选择"XZ 平面"，进入绘制草图工作台，如图 4-2-6 所示，创建草图 1，在草图上绘制一条水平直线，与底面重合。

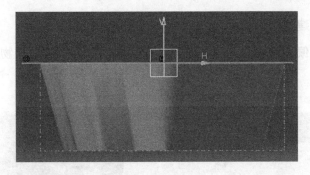

图 4-2-6　草图 1

【Step3】拉伸直线创建平面 1——底面

单击"插入"→"曲面"→"拉伸"命令，弹出如图 4-1-23 所示"拉伸曲面定义"对话框。

1）定义拉伸"轮廓"

移动鼠标到绘图区域，选择刚刚创建的草图 1，"拉伸曲面定义"对话框中"轮廓"显示为"草图.1"。

2）定义拉伸"方向"

在"拉伸曲面定义"对话框中的"方向"输入栏中，单击鼠标右键，在弹出的快捷菜单中选择"草图法向"，即默认选项。

3）设置"拉伸限制"参数

在"拉伸限制"区域内"限制 1"的"类型"设置为"尺寸"，在"尺寸"的输入栏内输入数据"8mm"；"限制 2"的"类型"设置为"尺寸"，在"尺寸"的输入栏内输入数据"8mm"。

4）创建拉伸曲面

完成选择与设置后，"确定"按钮激活可用，单击"确定"按钮，完成底面创建，如图 4-2-7 所示。

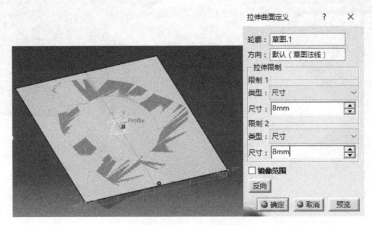

图 4-2-7　创建底面

【Step4】偏置创建顶面

单击 图标，偏移已创建的"平面 1"作为顶面，分析测量实物高度为 4.776mm，如图 4-2-8 所示。

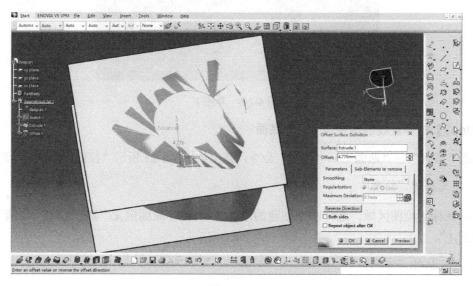

图 4-2-8　偏移创建顶面

4.2.3　建立刀片侧曲面

【Step1】xy 基准面

进入逆向曲面重建模块，单击 ▱ 图标，选择 xy 平面（xy plane），偏移距离为 2.5mm，使新建基准平面在已建立的两个平面中间，如图 4-2-9 所示。

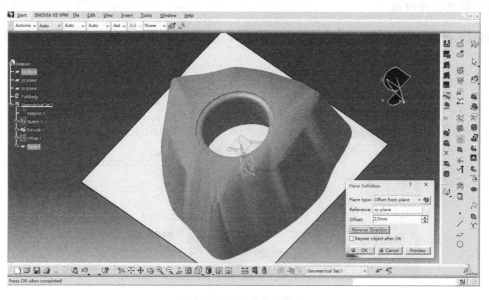

图 4-2-9　新建基准平面

【Step2】平面形式切线 1

单击 图标，元素选择 daopian.1，参考平面选择新建的基准平面 1（plane.1），单击"OK"按钮，如图 4-2-10 所示。

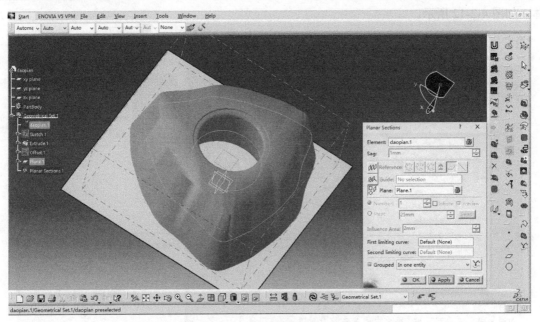

图 4-2-10 建立平面形式切线 1

【Step3】绘制草图轮廓

进入创成式外形设计模块，单击 图标，选择基准平面 1，绘制刀片单边草图轮廓，如图 4-2-11 所示，退出草图。

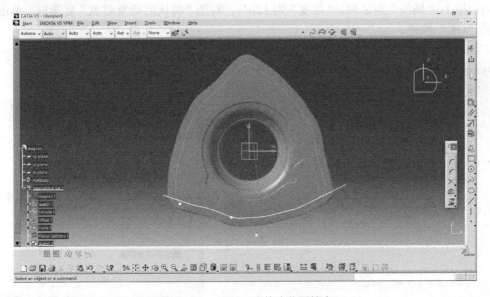

图 4-2-11 绘制刀片单边草图轮廓

【Step4】扫掠侧面

单击 图标，"轮廓类型"选择"直线"，"子类型"选择"使用拔模方向"，"全部定义"功能中，"角度"为 15.5°，长度选项中双向长度都设置为 3mm，单击"OK"按钮，生成片体，如图 4-2-12 所示。

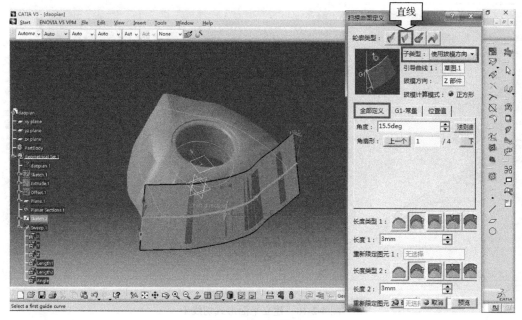

图 4-2-12　扫掠侧面

【Step5】旋转侧面

进入创成式外形设计模块，打开 图标下拉菜单，单击 图标，如图 4-2-13 所示，"元素"为扫掠 1，"轴线"为 Z 轴，"角度"为 120°，勾选"确认后重复对象"复选框，单击"确定"或"OK"按钮。

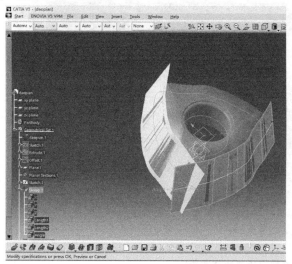

图 4-2-13　旋转操作

旋转命令完成后，侧面结果如图 4-2-14 所示。

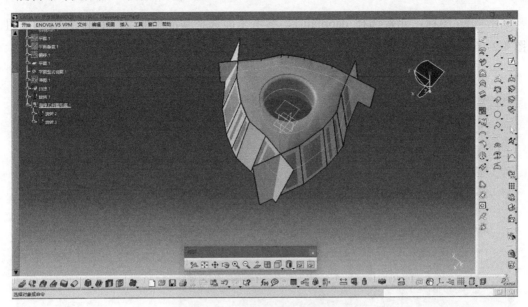

图 4-2-14 旋转完成后的侧面结果

4.2.4 建立刀片内孔圆柱面

【Step1】偏置面

进入逆向点群编辑模块，单击 图标，参考选择"平面 1"，偏移距离设置为 1mm，使新建基准平面在已建立的平面 1 之上，如图 4-2-15 所示。

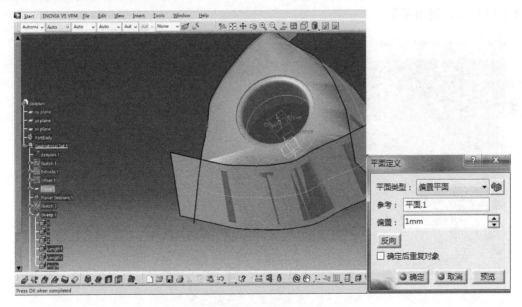

图 4-2-15 新建基准平面 2

【Step2】平面形式切线 2

单击 图标，元素选择 daopian.1，参考平面选择基准平面 2，单击"OK"按钮，如图 4-2-16 所示。

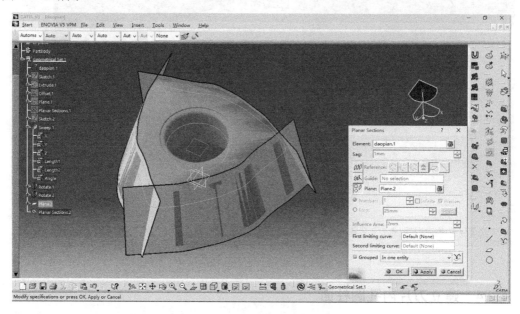

图 4-2-16　创建平面形式切线 2

【Step3】用草图绘制内孔轮廓

进入创成式外形设计模块，单击 图标，选择基准平面 2，绘制刀片内孔 1 轮廓，如图 4-2-17 所示，退出草图。

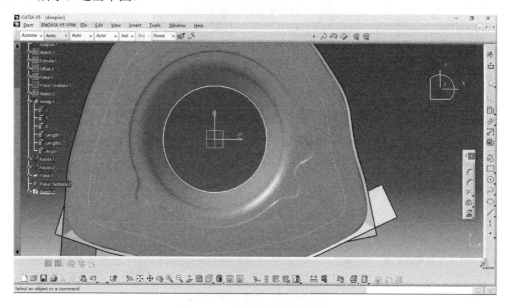

图 4-2-17　绘制内孔轮廓草图 3

【Step4】拉伸内孔 1

单击 图标，轮廓选择"草图 3"，特征参数设置如图 4-2-18 所示。

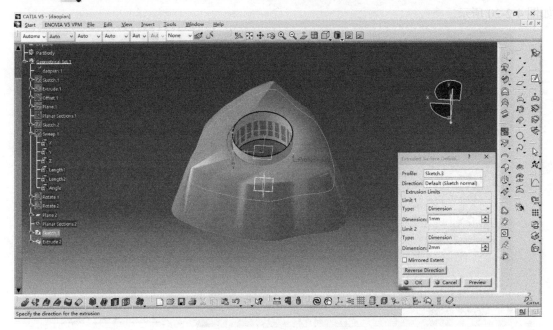

图 4-2-18 拉伸内孔 1 设置

【Step5】创建平面 3

单击 图标，参考平面选择"平面 1"，偏移距离为 1mm，使新建基准平面在已建立的平面 1 之下，如图 4-2-19 所示。

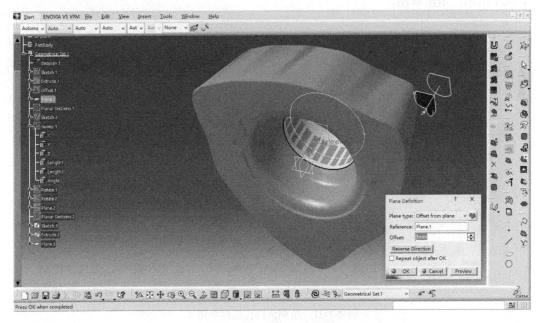

图 4-2-19 新建基准平面 3

【Step6】平面形式切线 3

单击 图标，元素选择"daopian.1"，参考平面选择"基准平面 3"，单击"OK"按钮，如图 4-2-20 所示。

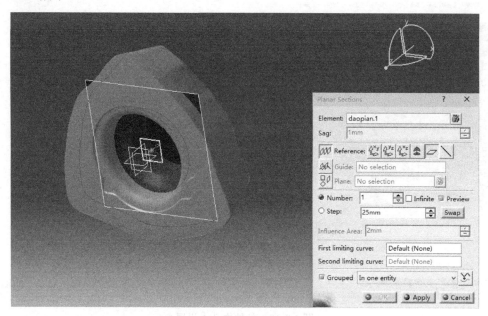

图 4-2-20　创建平面形式切线 3

【Step7】用草图绘制大内孔轮廓

进入创成式外形设计模块，单击 图标，选择基准平面 3，绘制刀片内孔 2 轮廓，如图 4-2-21 所示，退出草图。

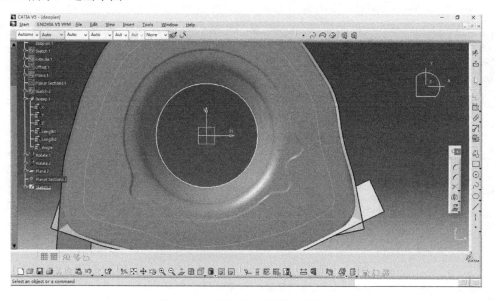

图 4-2-21　绘制大内孔轮廓草图 4

【Step8】拉伸内孔3

单击 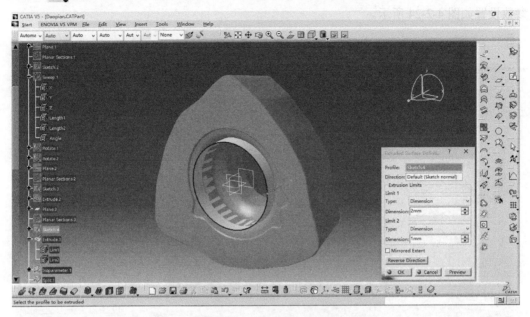 图标，轮廓选择"草图4"，特征参数设置如图4-2-22所示。

图4-2-22 拉伸内孔3设置

【Step9】等参数截线

打开 图标下拉菜单，单击 图标，对"拉伸2"作等参数截线。参数设定如图4-2-23所示。

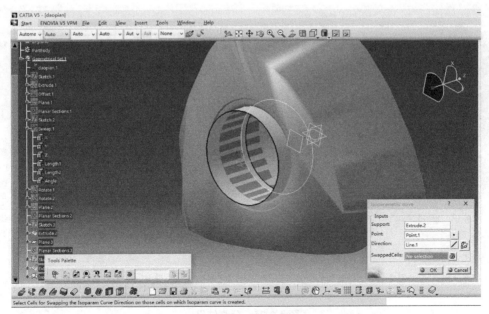

图4-2-23 等参数截线设置

【Step10】分割曲面

单击 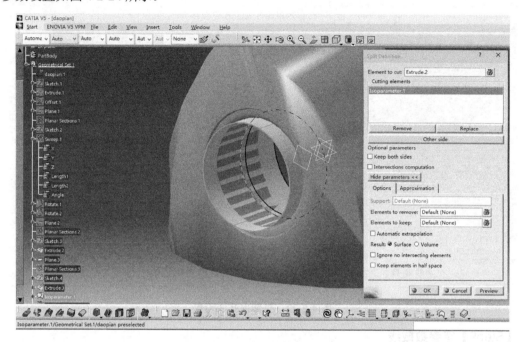 图标，要切除的元素选择"拉伸2"，切除元素选择"等参数1"，保留较长一侧，各参数设置如图4-2-24所示。

图4-2-24　分割设置

同样的步骤，对"拉伸3"进行分割，单击"OK"按钮，分割后结果如图4-2-25所示。

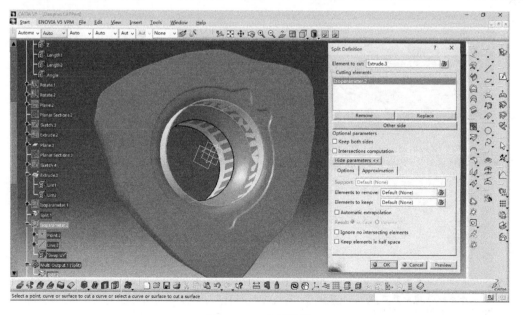

图4-2-25　分割结果

【Step11】桥接曲面

单击 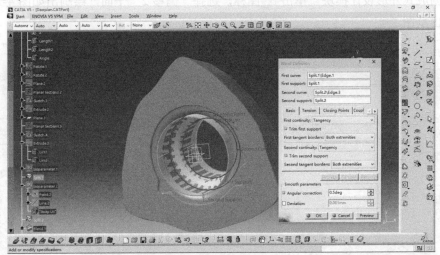 图标，第一曲线选择"分割1边线"，第一支持面选择"分割1"，第二曲线选择"分割2边线"，第二支持面选择"分割2"。各特征参数设置如图4-2-26所示。

图4-2-26　桥接设置

4.2.5　建立刀片上下小平面

通过观察实物以及扫描文件得知，刀片上下平面上各有一个嵌入式的小平面，可以通过偏置大平面后裁剪获得。

【Step1】偏移曲面

单击 图标，曲面选择"拉伸1"，经测量距离为"4.676mm"，单击"OK"按钮，如图4-2-27所示。

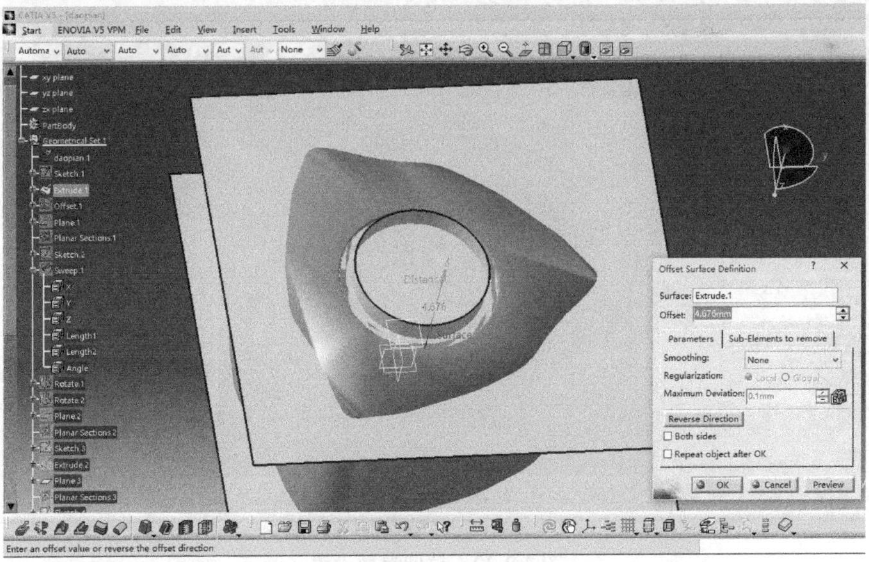

图4-2-27　偏移曲面

同样的方法，偏移"拉伸1"曲面，距离改为"0.15mm"。

【Step2】绘制草图

进入创成式外形设计模块，单击 图标，选择"偏移2"平面，绘制出如图4-2-28所示轮廓，退出草图。

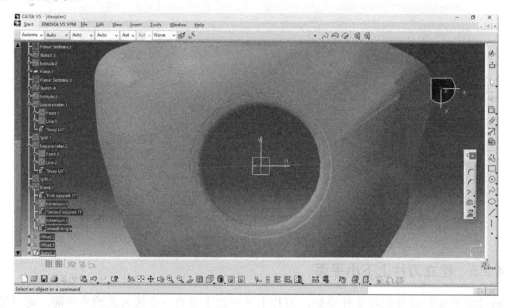

图 4-2-28　绘制草图

【Step3】拉伸曲面

单击 图标，轮廓选择"草图5"，特征参数设置如图4-2-29所示。

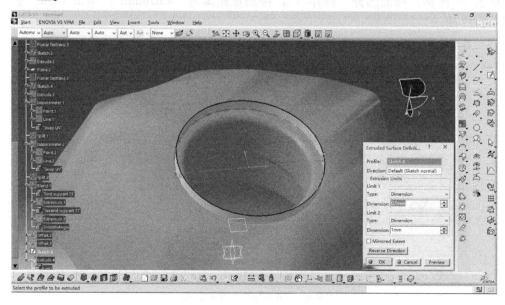

图 4-2-29　拉伸参数设置

因为两个小平面特征较为简单，可用同样的方法，对另外一个曲面绘制出对应的轮廓并拉伸，结果如图 4-2-30 所示。

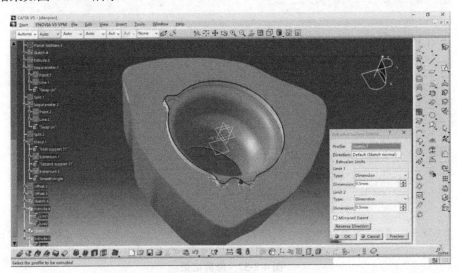

图 4-2-30　拉伸结果

做到这里，所需要的曲面已全部建立完成，接下来需要对建立的曲面进行分割与裁剪，得到刀片的片体模型。

4.2.6　分割与修剪

进入创成式外形设计模块，打开 下拉菜单，单击 图标，修剪元素选择"扫掠 1""旋转 1"，单击"Preview"（预览）按钮后单击"OK"（确定）按钮，如图 4-2-31 所示。

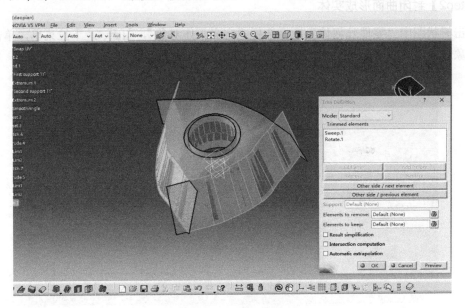

图 4-2-31　修剪元素选择

继续单击 图标，将不需要的面全部去除，最后得到如图 4-2-32 所示的片体。

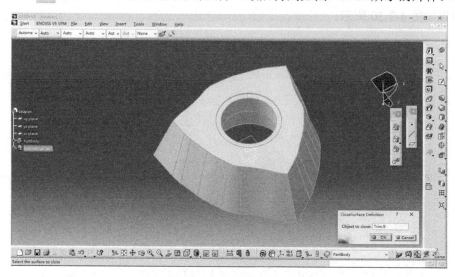

图 4-2-32　修剪结果

4.2.7　实体造型

【Step1】进入"零件设计"工作台

已经完成曲面创建，还需要将曲面转化为实体。

单击"开始" 开始 →"机械设计" 机械设计 →"零件设计" 零件设计 命令，进入零件设计模块。

【Step2】封闭曲面形成实体

右击树状图中"零件几何体"图标选择"定义工作对象"，打开 下拉菜单，单击 图标，对象选择"分割 9"，单击"OK"按钮，如图 4-2-33 所示。

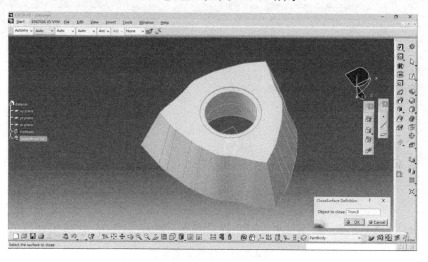

图 4-2-33　封闭曲面

【Step3】隐藏曲面

隐藏"分割9"片体，显示出"封闭曲面1"。

【Step4】倒圆角

打开 下拉菜单，单击 图标，要圆角化的边线选择刀片实体侧面交线，上弦长为"0.7mm"，下弦长为"1.6mm"，设置参数如图 4-2-34 所示。

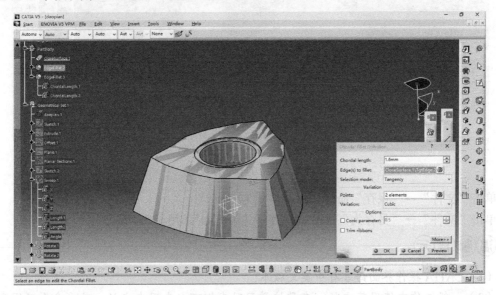

图 4-2-34 倒圆角设置

继续单击 图标，对其他锐边进行倒圆角处理，分别得到如图 4-2-35 和图 4-2-36 所示的刀片实体正反面。

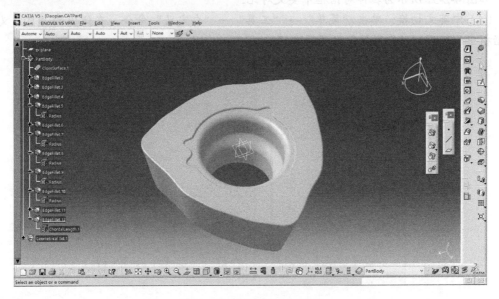

图 4-2-35 刀片实体正面

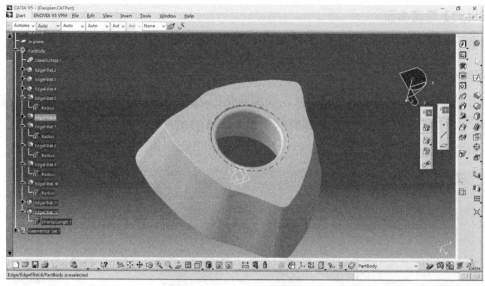

图 4-2-36　刀片实体反面

单击"文件"→"保存"命令，保存格式为"part"。

单击"文件"→"另存为"命令，保存格式为"stl"，用于 3D 打印。

温馨提示

（1）CATIA 操作界面语言有中英文版本；

（2）一般工作中使用英文版，在学校学习时我们可以先用中文版，熟悉命令及图表，然后逐步过渡到英文版；

（3）中文版与英文版仅文字显示不同，图标不变，功能完全一样，对话框中位置也一致，如图 4-2-37 所示为拉伸对话框中英文对比；

（4）中英文切换：单击"菜单"→"工具"→"自定义"命令，在弹出的"自定义"对话框中，使用"用户界面"设置语言环境。

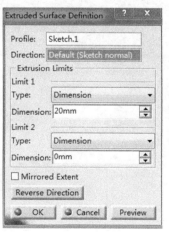

图 4-2-37　中英文界面对比

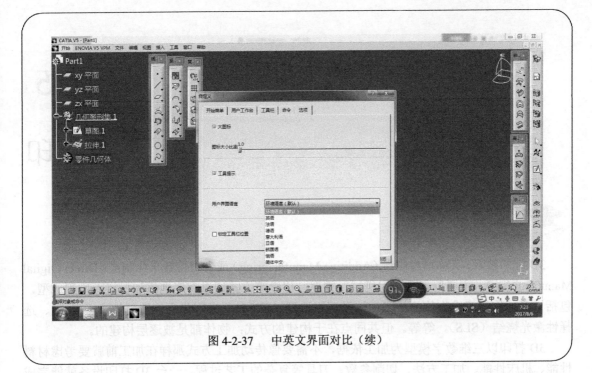

图 4-2-37　中英文界面对比（续）

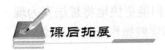

应用 CATIA 软件对电话机听筒进行 CAD 重构。

项目 5

3D 打印

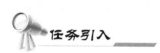

项目简介

3D 打印技术，又称增材制造（Additive Manufacturing）或者直接数字化制造（Direct Digital Manufacturing），主要原理是利用机械、物理、化学等方式通过有序地添加材料而堆积成型，包括了多种构建三维物体的技术：熔融沉积造型（FDM）、光固化立体造型技术（SLA）、选择性激光烧结（SLS），等等。但共同点在于构建的方式：物体都是被逐层构建的。

3D 打印以三维数字模型为加工依据，不需要像传动加工方式那样在加工前就要考虑材料性能、机床性能、加工方法、切削参数、刀具等复杂的工艺过程。一台 3D 打印设备就能完成整个生产过程，设计师可以更加专注设计本身。配合逆向设计，我们能更快地将想法变为现实。本项目阐述目前应用较为广泛的熔融沉积技术（FDM）3D 打印实践操作及相关理论，让我们自己能动手打印作品，逐步领略 3D 的魅力。

任务 5.1 标准块模型打印

任务引入

打印开始需要得到数字化三维模型，数据模型可以是通过三维软件制作，也可以通过三维扫描获得，我们要打印的标准块是通过三维扫描逆向获得的。标准块的三维数据模型需要用切片软件（一般打印机有厂家自带切片软件）分割成层，然后将其转化为 3D 打印机可以识别的 G-code 文件，最后 3D 打印机将指定材料按照 G-code 指定位置进行放置和层层叠加成型，最终获得样件。

目前 3D 打印没有一键式处理方式，得到三维数据模型后，需要进行打印调试以及打印前检测，还需要对打印物品进行后续处理。

任务分析

在任务 2.4 节中完成了标准块扫描，任务 3.1 节完成了标准块数据处理，任务 4.1 节完成了标准块 CAD 模型重构，获得了标准块的三维数字模型。本次的任务：根据标准块三维数字模型，使用奇迹的三维打印机（Miracle H2）完成标准块 3D 打印。

　　任务分析：按照 3D 打印的一般流程（如图 5-1-1 所示），先对标准块进行切片处理，生成打印机能执行的 G-code 代码文件，使用 SD 卡将 G-code 代码文件导入打印机，按打印机操作程序，调用打印文件执行就可以完成标准块 3D 打印，打印完成后对模型进行后处理。

图 5-1-1　3D 打印一般流程

完成本次任务可达到以下 4 个目的：

（1）熟悉 3D 打印一般流程；

（2）掌握 Miracle H2 打印机的操作；

（3）掌握 FDM 打印技术；

（4）掌握 FDM 打印技术后处理。

任务实施

5.1.1　安装切片软件

【Step1】找到机器自带的 Miracle 安装包 Miracle

【Step2】按指示安装软件

　　单击 Miracle 图标，弹出如图 5-1-2 所示安装向导，单击"下一步"按钮，默认所有设置，直到出现"完成"按钮，计算机桌面出现快捷图标 。

图 5-1-2　安装向导

5.1.2　模型切片

【Step1】打开 Miracle 切片软件

双击桌面 图标，进入 Miracle 软件工作界面，如图 5-1-3 所示。

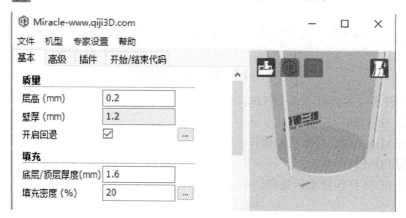

图 5-1-3　Miracle 软件工作界面

【Step2】导入标准块模型

打开"文件"下拉菜单，如图 5-1-4 所示，选择"打开模型"命令或直接单击模型区域"打开" 图标，弹出"打开 3D 模型"对话框，如图 5-1-5 所示，选择模型路径，单击"打开"按钮即完成模型加载，结果如图 5-1-6 所示。

打开模型...	CTRL+L
保存模型...	CTRL+S
重新载入模型	F5
清除所有模型	
打印...	CTRL+P
保存 GCode...	
显示切片引擎记录...	
打开配置文件...	
保存配置文件...	
从 Gcode 中读取配置文件...	
恢复默认配置	
参数设置...	CTRL+,
机型设置...	
最近使用的模型文件...	>
最近的配置文件...	>
退出	

图 5-1-4　"文件"下拉菜单

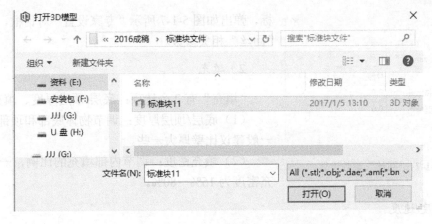

图 5-1-5 "打开 3D 模型"对话框

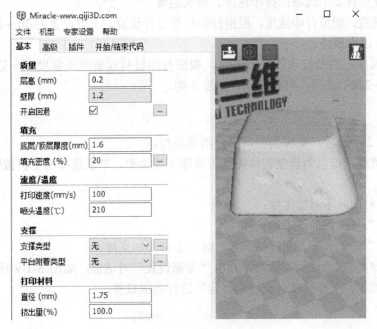

图 5-1-6 加载模型成功

【Step3】设置打印参数

一般来说，对于简单模型，默认其基本参数就行。对于复杂模型或对打印精度和时间有要求的模型，需要对主要打印参数进行简单的修改。

1) 质量

"质量"有 3 个选项：层高、壁厚、开启回退。

（1）层高：调节打印层高，层高一般为 0.1～0.3mm，数值越小打印效果越精致。

（2）壁厚：调节打印外壳厚度，外壳一般建议为喷头直径的整数倍，一般喷头直径为 0.4mm，外壳厚度可以在 0.8～1.6mm。

（3）开启回退：开启此选项，在打印镂空件时，可控制拉丝，单击"开启回退"后 … 图

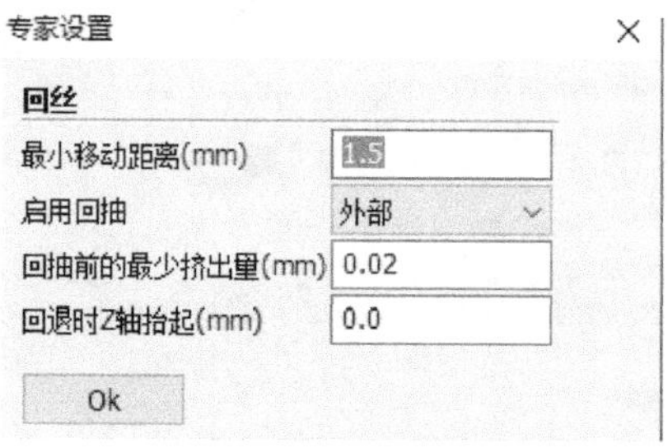

图 5-1-7 "回丝"参数设置

标，弹出如图 5-1-7 所示"专家设置"对话框，可以设置"回丝"相关参数。

2）填充

"填充"有 2 个选项：底层/顶层厚度、填充密度。

（1）底层/顶层厚度：调节物体底部和顶部的厚度，一般建议比壁厚大一些。

（2）填充密度：调节内部填充的比例，一般建议填充密度为 15%～80%。

3）温度/速度

"温度/速度"有 2 个选项：打印速度、喷头温度。

（1）打印速度：调节打印速度，根据打印机型进行设置，一般设置为 30～100mm/s；打印速度在 80mm/s 以内最佳。

（2）喷头温度：调节打印喷头的温度，根据打印材料设置喷头温度。一般 PLA 材料打印温度在 180～220℃之间，材料不同，温度不同。

4）支撑

"支撑"有 2 个选项：支撑类型、平台附着类型。

（1）支撑类型：可以为悬空物体提供可移除支撑类型，单击选择框下拉按钮，如图 5-1-8 所示。

"无"——打印时不添加支撑；

"局部支撑"——内部不添加支撑；

"全部支撑"——大于"支撑临界角"时，全部添加支撑。

单击"支撑类型"后的 ⋯ 图标，弹出"专家设置"对话框，如图 5-1-9 所示。在此对话框可以对支撑类型、支撑密度、支撑临界角等进行高级设置。

图 5-1-8 "支撑类型"选择　　　　　　图 5-1-9 "专家设置"对话框

（2）平台附着类型：可以增加平台附着力，防止打印物翘边、移动等。

5）打印材料

"打印材料"有 2 个选项：直径、挤出量。

（1）直径：设置耗材的直径，一台打印机的耗材直径一般固定，多数为 1.75mm。

（2）挤出量：设置挤出流量，一般系数默认为 100%，实际使用中若感觉喷吐量过大，可适当修改流量系数。

本次打印，默认图 5-1-6 中参数设置。

【Step4】调整模型大小

如果要打印的模型尺寸不合适，打印时可以通过比例来调整，单击图 5-1-6 中的"标准块"模型，会弹出模型浮动工具条，如图 5-1-10 所示，可以对模型进行"旋转" 、"比例" 、"镜像" 操作。

图 5-1-10　模型浮动工具条

> "比例" ：单击"比例"图标，会弹出如图 5-1-11 所示浮动比例列表框，在此列表框中，可以设置模型比例或模型大小；如果"Uniform scale"后图标是"锁" 状，模型缩放是按等比缩放；如果"Uniform scale"后图标是"解锁" 状，模型 X、Y、Z 三个方向缩放比例可以不同。或者，可以拖动模型上小方块来缩放模型，模型大小会实时显示在图形区域中，如图 5-1-12 所示。

> "旋转" ：单击"旋转"图标，会弹出如图 5-1-13 所示浮动旋转工具条，图形中出现 3 个圆，拖动圆，可以旋转模型，图形会显示已经旋转的角度。

> "镜像" ：单击"镜像"图标，会弹出如图 5-1-14 所示浮动镜像工具条，可以对模型进行镜像，把模型绕 X 轴、Y 轴、Z 轴翻转 180°。

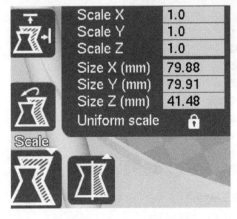

图 5-1-11　浮动比例列表框

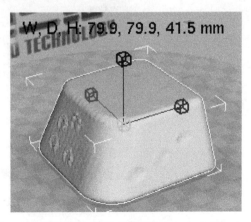

图 5-1-12　图形缩放显示

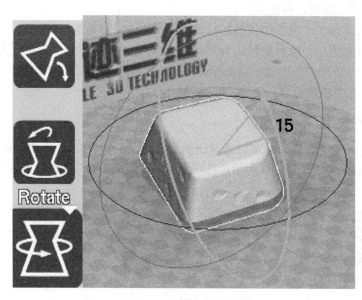

图 5-1-13　浮动旋转工具条　　　　　　　　图 5-1-14　浮动镜像工具条

标准块打印，可以跳过此步，标准块尺寸大约为 79mm×79mm×40mm；大小合适，没有超出打印机可以打印的范围，不用缩放；底面最大面与平台接触，也不用旋转。

【Step5】放置部件打印位置

把鼠标放置在打印模型上，按住鼠标左键可以拖动模型，调整打印位置。

把鼠标放置在打印模型上，单击鼠标右键，弹出快捷菜单，如图 5-1-15 所示。

图 5-1-15　快捷菜单

➢ 平台中心：可以快速移动模型打印平台中心位置。

➢ 删除模型：可以快速删除选中的模型。

> 复制模型：可以快速添加已加载的模型。
> 分解模型：可以拆解装配模型。
> 删除全部模型：删除已加载的所有模型。
> 重新加载模型：再次加载模型。
> 重置所有对象位置：让所有对象恢复到原始位置。
> 重置所有对象的旋转：取消所有对象的旋转操作。

（温）（馨）（提）（示）

如图 5-1-16 所示，Miracle 切片软件可以同时加载多个相同或不同模型。

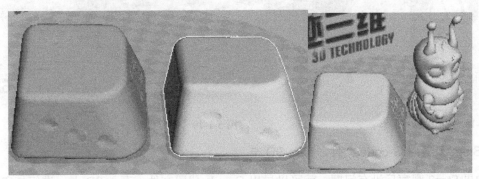

图 5-1-16　同时加载多个不同的模型

【Step6】分层切片处理

在图 5-1-6 中，模型窗口的左上角有如图 5-1-17 所示的工具条。

：加载模型；　：切片分层；　：插入 SD 卡。

图 5-1-17　工具条

单击"加载" 图标，可以加载模型。

单击"切片" 图标，开始切片分层处理。处理完成后，在工具条下方会显示打印时间及所用材料，如图 5-1-17 所示。默认参数设置，完成切片后，显示"标准块"和"糖宝"打印时间为 2 小时 39 分钟，用料 25.2 米 754 克。

完成打印参数设置后，可以单击此图标，进行自动分层切片处理。

【Step7】观察加工模拟

完成切片后，可以观察加工模拟，验证切片方案是否合适。

在模型窗口的右上角，有如图 5-1-18 所示模型显示工具，分为正常显示和分层加工模拟。正常显示如图 5-1-16 所示。

软件自动切片完成后，可单击分层加工模拟 ![layers] 图标，预览打印路径，如图 5-1-19 所示，拖动此滑条观察每层截面和加工路径。

图 5-1-18　模型显示工具

图 5-1-19　模拟仿真

【Step8】导出 G-code 文件，存入 SD 卡

如果 Step7 观察后没有问题，就可以导出 G-code 代码文件，存入 SD 卡，进行打印操作。

插入 SD 卡，单击图 5-1-17 中图标 ![SD] 或单击"文件"→"保存 G-code" 保存 GCode... 命令，弹出"保存 gcode 代码"对话框，如图 5-1-20 所示设置保存"文件名"，单击"保存"按钮完成 G-code 代码保存，退出 SD 卡，插入到打印机 SD 读卡器即可。

图 5-1-20　"保存 gcode 代码"对话框

5.1.3　打印操作

【Step1】开机

打印机接通电源后，按下打印机开关，即可启动打印机。此时，打印机开机屏幕显示如图 5-1-21 所示。打印机屏幕为触摸屏，点击就可以进行操作。

图 5-1-21　打印机开机屏幕显示

【Step2】平台首次调平

打印平台是否保持水平，是影响打印质量的重要因素之一。对于首次使用 FDM 3D 打印机的用户来说，这也是最大的挑战之一。首次安装打印机后和长期使用后都需要对打印机进行调平操作。

（1）调平主要有两个目标：确保打印平台与挤出机平行；确保平台与挤出机的喷嘴保持正确的距离，如图 5-1-22 所示。

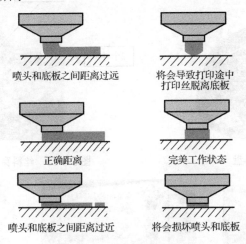

图 5-1-22　喷嘴与底板距离

（2）调平主要有两种方法：手动调平和自动调平。一些打印机带自动调平功能，每次开启打印机后，打印机会自动调平。手动调平较难，需要经验，建议专业人员调试。

Miracle H2 自动调平操作如下：

如图 5-1-23（a）所示，单击打印机操作面板中"工具"按钮，弹出如图 5-1-23（b）所示的操作界面；单击"调平"按钮，弹出如图 5-1-23（c）所示操作界面，在最上面的显示框中输入密码"54321"后单击▼按钮，打印机开始自动调平，完成后自动结束。

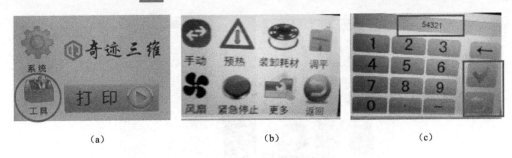

（a）　　　　　　　　　　（b）　　　　　　　　　　（c）

图 5-1-23　自动调平操作

【Step3】装料和卸料

（1）如图 5-1-24 所示，把料盘装到料架上。

（2）抽出丝料，前端头剪成斜 45°、扳直（至少保证有 35mm 不弯曲），从送料装置的丝孔穿入 2 个导轮中间，再穿入快速接头，进入料管，如图 5-1-25 所示。

（3）单击图 5-1-21 中"工具"按钮，切换成工具操作界面，如图 5-1-26 所示。

（4）单击"预热"按钮，切换成预热操作界面，如图 5-1-27 所示；单击中间箭头调节温度，使得目标温度在 220℃ 左右；达到目标温度后，单击"▇▇▇"按钮返回工具操作界面。

（5）单击"装卸耗材"按钮，进入装卸耗材操作界面如图 5-1-28 所示，单击左侧"E1" ▇ 按钮装载耗材；单击右侧"E1" ▇ 按钮，卸除耗材。

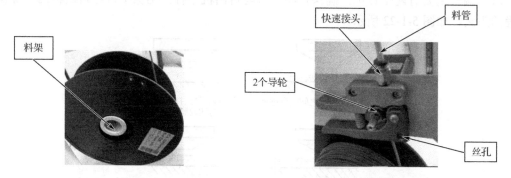

| 图 5-1-24 装入料盘 | 图 5-1-25 丝料穿入送料机构 |

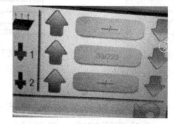
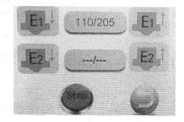

| 图 5-1-26 工具操作界面 | 图 5-1-27 预热操作界面 | 图 5-1-28 装卸耗材操作界面 |

【Step4】在打印平台上贴纸或涂胶

如图 5-1-29 所示，为了增加平台与打印件黏合度，在打印平台上贴上美纹纸或涂上固体胶。

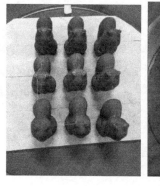
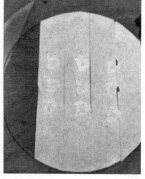

图 5-1-29 打印平台贴美纹纸

【Step5】调用打印程序

开始打印前请检查圆形打印平台是否放平放稳，可用手稍微用力按住摇动检查，检查没问题后将切片好的.gcode 文件复制保存进 SD 卡，并将 SD 卡插入机器右侧的 SD 卡槽内。

（1）单击图 5-1-21 中 打印▶ 按钮，切换成打印程序调用操作界面，如图 5-1-30 所示。按上下箭头，光标会移动到所需程序处；单击该程序，进入打印机操作界面，如图 5-1-31 所示。

（2）在图 5-1-31 中，单击▶按钮；进入打印进程操作界面，如图 5-1-32 所示；机器在等喷头完成预热后即开始打印，且屏幕会显示当前打印的产品信息，包括耗时、剩余时间等。此时，时间显示可能会很久，由于是打印第一层，机器还没能正确估算出时间，以待第一层打印完成后显示的时间为准，一般建议参照切片时软件估算的时间。

（3）在图 5-1-32 中，单击⏸按钮，可以暂停打印；单击⏹按钮，可以停止打印，并且切换到停止打印界面，如图 5-1-33 所示，询问是否保存断点："是"——下次接着打印；"否"——下次从头开始打印。

（4）单击⚙按钮，进入参数设置界面，如图 5-1-34 所示，可以实时调整打印参数。

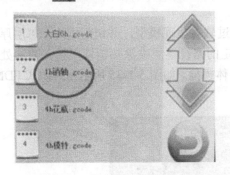

图 5-1-30　打印程序调用操作界面

图 5-1-31　打印操作界面

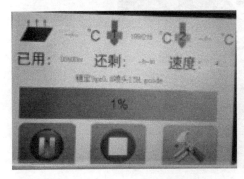

图 5-1-32　打印进程操作界面

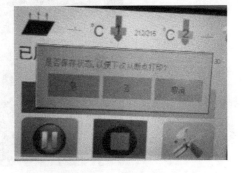

图 5-1-33　停止打印界面

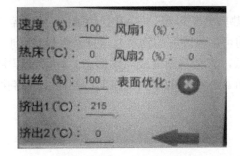

图 5-1-34　参数设置界面

在卸料或换料时，需待喷头加热至 195℃以上时，才可以进料或退料，否则易损坏喷头！

【Step6】后处理

模型打印完成。用小铲刀取下模型。本案例中模型没有支撑，不需要去除操作，只有取下模型就可以。

相关知识

1. 3D 打印机的构成

3D 打印机的工作始于数字化的三维模型，通过软件呈现模型，并切割成片，每层厚度为 0.1～0.3mm。打印过程中，打印机喷头会按照给定的路径逐层喷涂热塑性塑料，喷涂处的材料会迅速冷却，冷却后，熔融状态的塑料会形成固体模型。如图 5-1-35 所示为封闭式 FDM 3D 打印机。

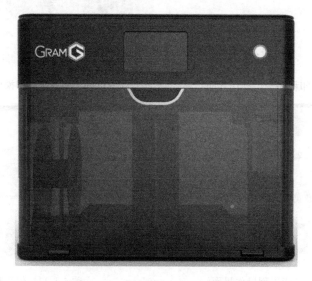

图 5-1-35　封闭式 FDM 3D 打印机

FDM 打印机一般使用热塑性塑料丝——ABS（丙烯腈-苯乙烯-丁二烯共聚物）或 PLA（聚乳酸，从淀粉中提取出来的可生物降解的物质），热塑性材料达到一定温度后，就会软化，具有流动性。随着温度的降低，它会重新变成固体形态。打印过程中，打印机控制电机非常精准地带动塑料丝引入挤出机。在小巧的喷头处将其加热熔化，熔化后的塑料在喷头的另一端被挤出，并迅速被冷却。

1）运动结构

打印机运动有 3 种方式：笛卡儿式、三角式、极坐标式。

（1）笛卡儿式：采用此种工作方式的打印机最为普遍，成为龙门架机构。挤出机固定在刚性框架上，打印平台位于下方。整个打印机工作在 XYZ 坐标构建的笛卡儿坐标系中，挤出机在 XY 轴上运动，打印平台则在 Z 轴方向上下移动，每打印一层，平台则沿 Z 轴向下移动一层的距离。在其他形式的打印机中，挤出机也可能运动在 X 轴和 Z 轴上，平台在 Y 轴方向移动。

（2）三角式：通过 3 个滑块来控制挤出机的运动，3 个滑块束缚在 3 根杆上，可以在电机驱动下沿垂直方向独立运动。

（3）极坐标式：挤出机围绕某一定点可以旋转，打印平台围绕某点进行旋转，挤出机固定在机械臂上，可以在 X 轴方向进行移动，机械臂本身可以在 Z 轴移动。

2）挤出机

如果说结构是骨架，坐标轴是手臂，那么挤出机就是 3D 打印机的心脏，它是 3D 打印机中确保良好和稳定打印的最为重要的部分之一。挤出机有单喷头和多喷头之分，这里以单喷头为例，挤出机内部有一个步进电机，精确控制电机带动材料丝进入喷头高温区，能瞬间把塑料熔化为黏状，由喷嘴处挤出，并且由外部的冷却风扇迅速冷却固化。随着挤出机的移动，塑料层层累加，直至物体成型。

3）控制板

每一台打印机都有一套控制板，配合内部的固件程序，可以说是 3D 打印机的灵魂，它负责与用户交互、读取指令、控制打印机的所有运动。

4）打印平台

打印平台通常是铝制的，其表面还有一层加热板用于加热，这可以让 3D 打印机支持更多的打印材料。在实际打印中，还需要在平台上放置玻璃板或者胶带等，作为打印物体的承接物。

2. 模型格式

1）STL

STL（STereo Lithography）文件，一种经典的 3D 模型文件格式，是 3D Systems 公司于 1988 年制定的一个接口协议，是一种为快速原型制造技术服务的三维图形文件格式。STL 文件由多个三角形面片的定义组成，每个三角形面片的定义包括三角形各个顶点的三维坐标及三角形面片的法矢量。

STL 文件有两种类型：文本文件（ASCII 格式）和二进制文件（BINARY）。

（1）STL 的 ASCII 格式。

solid filenamestl	//文件路径及文件名；
facet normal x y z	//三角形面片法向量的 3 个分量值；
outer loop	
vertex x y z	//三角形面片第一个顶点的坐标；
vertex x y z	//三角形面片第二个顶点的坐标；
vertex x y z	//三角形面片第三个顶点的坐标；

```
endloop
endfacet                          //第一个三角形面片定义完毕；
……
endsolid filenamestl              //整个文件结束
```

（2）STL 的二进制文件格式。

二进制 STL 文件用固定的字节数来给出三角形面片的几何信息。文件的起始 80 字节是文件头存储零件名，可以放入任何文字信息；紧随着用 4 字节的整数来描述实体的三角形面片个数，后面的内容就是逐个给出每个三角形面片的几何信息。每个三角形面片占用固定的 50 字节，它们依次是 3 个 4 字节浮点数，用来描述三角形面片的法矢量；3 个 4 字节浮点数，用来描述第 1 个顶点的坐标；3 个 4 字节浮点数，用来描述第 2 个顶点的坐标；3 个 4 字节浮点数，用来描述第 3 个顶点的坐标，每个三角形面片的最后 2 字节用来描述三角形面片的属性信息（包括颜色属性等），暂时没有用。一个二进制 STL 文件的大小为三角形面片数乘以 50 再加上 84 字节。

STL 模型是以三角形集合来表示物体外轮廓形状的几何模型。在实际应用中对 STL 模型数据是有要求的，尤其是在 STL 模型广泛应用的 RP 领域，对 STL 模型数据均需要经过检验才能使用。这种检验主要包括两方面的内容：STL 模型数据的有效性和 STL 模型封闭性检查。有效性检查包括检查模型是否存在裂隙、孤立边等几何缺陷；封闭性检查则要求所有 STL 三角形围成一个内外封闭的几何体。本书讨论的 STL 模型重建技术中的 STL 模型，均假定已经进行有效性和封闭性测试，是正确有效的 STL 模型。

（3）AMF（Additive Manufacturing File）格式。

新数据格式——AMF（Additive Manufacturing File）格式是以目前 3D 打印机使用的"STL"格式为基础、弥补了其弱点的数据格式。

众所周知，在 AMF 出现之前，STL 已经被广泛地使用在 3D 打印/增材制造中，已经成为事实的 3D 打印/增材制造技术标准。但是 STL 文件格式表现力较差，只能记录物体的表面形状，缺失颜色、纹理、材质、点阵等属性，即使利用 CAD 软件制作了惊喜的模型，颜色、材料及内部结构等信息在保存为 STL 数据时也会消失，对 3D 打印的发展造成了很大的制约。为此，2009 年 1 月，ASTM 委员会成立了专门的小组来研究新型的 3D 打印/增材制造文件标准，最终确立了基于 XML 技术的 AMF 作为最新的 3D 打印/增材制造文件标准。

AMF 作为新的基于 XML 的文件标准，弥补了 CAD 数据和现代的增材制造技术之间的差距。这种文件格式包含用于制作 3D 打印部件的所有相关信息，包括打印成品的材料、颜色和内部结构等。标准的 AMF 文件包含 object、material、texture、constellation、metadata 五个顶级元素，一个完整的 AMF 文档至少要包含一个顶级元素。

➢ object：定义了模型的体积或者 3D 打印/增材制造所用到的材料体积。

➢ material：定义了一种或多种 3D 打印/增材制造所用到的材料。

➢ texture：定义了模型所使用到的颜色或者贴图纹理。

➢ constellation：定义了模型的结构和结构关系。

➢ metadata：定义了模型 3D 打印/增材制造的其他信息。

AMF 文档标准作为专门针对 3D 打印/增材制造开发的开放性文档标准，已经得到业内诸多企业和专家的支持，目前 AMF 文档标准最新的版本是 V1.1。

2）模型来源

（1）三维扫描。

三维扫描就是通过三维扫描仪对物体外观数据（例如造型和颜色信息）的采集过程。三维扫描后输出的数据就是点云。

（2）点云采集。

点云是三维扫描时在物体表面取得的大量信息采集点的统称。采集得到的点云需要使用相应软件进行处理后才能够生成面片构建的模型。而生成的面片模型可以在其他的三维软件中进行进一步处理，最后得到完整的打印模型。

（3）软件制作。

3D 模型的另一个来源是软件制作，常用的免费三维制作软件有 Autodesk 123D，Meshmixer，Blender，Sketchup 等；商业软件有 3D Studio Max，AutoCAD，SolidWorks，ZBrush，Geomagic 等。

3）打印前检测

打印前检测包括多种检测，大部分三维制作软件都支持一键检测。切片软件也有自动修复的功能。

（1）孤立物体：检测物体是否有孤立部分，包括点、线、面和模型。

（2）闭合性检测。

法线是垂直于平面并且指明面的方向的矢量。构成模型的面的法线应该始终指向外部。3D 打印软件借助法线来判断模型的表面和边界的构建是否正确。如果某个面的法线指向物体内侧，打印时将出错。闭合性检测主要检测物体表面的法线是否一致，是否有面出现法线反转，以及模型本身是否闭合。

（3）交叉区域：模型中是否有面的相互交叉。

（4）无法产生的线和面：模型中是否存在长度为 0 的线和面积为 0 的面，或者长度、面积低于某一指定值的线和面。

（5）非流形检测：非流形物体是现实中无法存在的物体。

（6）厚度：3D 打印机都会有厚度限制，厚度低于限定值的部分是无法正确打印的，所以需要检测模型是否满足此限制。

（7）悬垂。

当不使用支撑物进行打印时，被打印物体的某些悬垂就会受到限制。悬垂检测即检测模型是否有存在超过悬垂限制的部分。这些限制与材料和打印机有关，最好对打印机和材料进行测试以得出较为准确的阈值。

（8）尺度约束。

通常 3D 打印机能够成型的物体尺寸都有一定限制。在打印前需要对物体的尺度进行检测，看是否匹配打印机的尺度限制，如果体积超出限制，就需要适当缩小物体，但有一点要注意，缩小物体后，可能导致某些部分的厚度低于打印机的厚度限制。

4）打印过程

现在所得到的 3D 模型并没有办法直接被 3D 打印机所使用。以 FDM 桌面打印机为例，它需要知道什么地方挤出材料，挤出多少，而这些内容无法直接从三维模型上得到。所以需要转换。第一步就是将 3D 模型进行切片。切片是通过切片程序进行处理的，切片程序能够将 3D 模型转化为一系列的薄层，随后这些薄层又被转化为 G-code 文件，G-code 文件包含了控制打印机的指令。这些指令发送到打印机，被打印机固件进行解释，从而控制 3D 打印机打印。3D 打印机按照 G-code 的指令逐层的添加材料来构建物体，这些层融合到一起最终形成了物体。

需要注意的是，伴随 3D 打印机的往往还有另一个程序——Gcode Viewer，这个软件可以让使用者预览模型切片后的效果并且模拟打印机的打印过程。

5）后处理

（1）拾取。

在打印结束后，需要将模型从平台上取下，常用的工具包括漆刀、铲子等。

（2）处理支撑。

如果模型打印时采用了边缘型或者基座型的方式与平台相连，取下后还需要处理多余部分。

如果打印物体有支撑，那么现在需要将其清除，这个过程比较枯燥，去除支撑物有时会降低模型的精细度。而且当使用工具不当时，支撑物会有残留，去除支撑物常用的工具是尖嘴钳。

（3）表面处理。

由于 FDM 桌面打印机的原理，其打印模型会有纹理，在对模型表面要求较高的情况下，还需要对表面进一步处理，可以是机械的方法，也可以是化学溶剂的方法。

机械方法：刀、剪刀、钳子是常见的表面处理工具，可以去除大块的、明显的多余部分。锉刀可以用来打磨物体表面，更方便的打磨工具是电动砂轮。

化学溶剂方法：丙酮可以轻易地溶解 ABS 材料和 PLA 材料，这两种材料都是 FDM 桌面打印机的主要打印材料，从而通过溶解消除模型表面的细小瑕疵。但一定要注意使用量，过度使用会导致模型尺寸变化较大。

3D 打印的物体还可以在之后使用颜料上色，例如比较便宜的丙烯酸颜料，适用于 PLA 和 ABS 材料上色。

应用 FDM 3D 打印机打印肥皂盒。

任务 5.2　铣刀片模型打印

在任务 2.5 节中完成了铣刀片扫描，任务 3.2 节完成了铣刀片数据处理，任务 4.2 节完成了铣刀片 CAD 模型重构，获得了铣刀片的三维数字模型。本次的任务：根据铣刀片三维数字模型，使用奇迹三维的 Miracle H2 打印机（FDM），完成铣刀片 3D 打印。

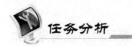 任务分析

按照 3D 打印的一般流程，先对铣刀片进行切片处理，生成打印机能执行的 G-code 代码文件，使用 SD 卡将 G-code 代码文件导入打印机，按打印机操作程序，调用打印文件执行就可以完成铣刀片 3D 打印，打印完成后对模型进行后处理。

完成本次任务可达到以下 4 个目的：
（1）掌握 3D 打印一般流程；
（2）熟练掌握 Miracle H2 打印机的操作；
（3）掌握 FDM 打印技术参数设置与调整；
（4）掌握 FDM 打印技术后处理。

 任务实施

5.2.1 模型切片

【Step1】打开 Miracle 切片软件

【Step2】导入标准块模型

打开"文件"下拉菜单，选择"打开模型"命令或直接单击模型区域"打开" 图标，弹出"打开 3D 模型"对话框，选择模型路径，单击"打开"按钮即完成模型加载，结果如图 5-2-1 所示。

【Step3】旋转刀片

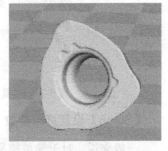

图 5-2-1 刀片模型加载结果

如图 5-2-1 所示，由于刀片坐标系与打印坐标系不重叠，模型加载后是侧面与打印平台接触，如果按此位置打印，侧面是斜面，需要打印支撑，影响表面质量。需要对模型进行旋转。

移动鼠标到刀片模型上，弹出旋转浮动工具条如图 5-2-2 所示，单击"旋转" 图标，拖动圆圈进行旋转，底面接近并与平台平行。

单击图 5-2-2 中 图标，刀片底面自动与平台重合，旋转结果如图 5-2-3 所示。

图 5-2-2 旋转浮动工具条

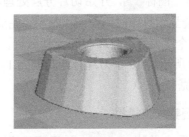

图 5-2-3 旋转结果

【Step4】放置部件在平台中心

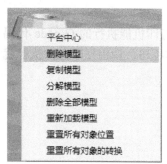

图 5-2-4　右键快捷菜单

对刀片模型又是旋转又是拖动，模型位置已经不能确定，如图 5-2-3 所示，移动鼠标到模型上，单击鼠标右键，弹出快捷菜单，如图 5-2-4 所示，选择"平台中心"，刀片自动摆放在平台中心。

【Step5】复制模型

刀片模型较小，如果需要多个，可以一次加载多个，一次完成打印，提高效率，节省时间。

移动鼠标到刀片模型上，单击鼠标右键，弹出如图 5-2-4 所示快捷菜单，选择"复制模型"，弹出"复制"对话框，如图 5-2-5 所示。在"数量"栏中输入所需个数"10"；单击"OK"按钮，立即复制出 10 个模型，如图 5-2-6 所示。

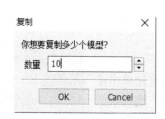

图 5-2-5　"复制"对话框

图 5-2-6　复制完成后的模型

【Step6】设置打印参数

一般来说，对于简单模型，默认其基本参数就行。对于复杂模型或对打印精度和时间有要求的模型，需要对主要打印参数进行简单的修改。刀片模型小，精度要求高，我们把层高设置成"0.1mm"，其他打印参数设置如图 5-2-7 所示。

【Step7】分层切片处理

在模型窗口的左上角有如图 5-1-17 所示的工具条。

单击"切片"图标 ，开始切片分层处理，处理完成后，在工具条下方会显示打印时间及所用材料，完成切片后，如图 5-2-8 所示，单个"刀片"打印时间为 9 分钟，用料 0.19 米 1克；如图 5-2-9 所示为 10 个刀片打印时间为 1 小时 51 分钟，用料 2.08 米 6 克。

【Step8】观察加工模拟

切片完成后，单击 Layers 图标查看仿真结果，如图 5-2-10 所示。

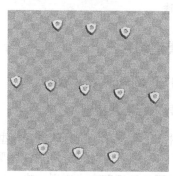

图 5-2-7　刀片打印参数设置

图 5-2-8　单个刀片加工时间　　　　　图 5-2-9　10 个刀片加工时间

图 5-2-10　仿真结果

【Step9】导出

G-code 代码，存入 SD 卡。单击 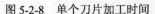 图标，弹出"保存 gcode 代码"对话框，单击"保存"按钮就完成 G-code 代码保存，如图 5-2-11 所示。

退出 SD 卡，插入到打印机 SD 读卡器即可。

```
Miracle-www.qiji3D.com
文件  机型  专家设置  帮助
基本  高级  插件  开始/结束代码
start.gcode
end.gcode




;Sliced at: {day} {date} {time}
;Basic settings: Layer height: {layer_heig
;Print time: {print_time}
;Filament used: {filament_amount}m {filame
;Filament cost: {filament_cost}
;M190 S{print_bed_temperature} ;Uncomment
;M109 S{print_temperature} ;Uncomment to
G21          ;metric values
G90          ;absolute positioning
M82          ;set extruder to absolute mode
M107         ;start with the fan off
G28 X0 Y0    ;move X/Y to min endstops
G28 Z0       ;move Z to min endstops
G1 Z15.0 F{travel_speed} ;move the platfo
G92 E0                    ;zero the extrude
G1 F200 E3               ;extrude 3mm of f
G92 E0                   ;zero the extrude
G1 F{travel_speed}
;Put printing message on LCD screen
M117 Printing...
```

图 5-2-11　G-code 代码保存

逆向设计与3D打印

温馨提示

如果打印要求非常高，我们又有足够的经验，可以单击菜单栏中"专家设置"，进入"专家设置"对话框进行打印参数设置，如图 5-2-12 所示。

专家设置	✕

回丝

最小移动距离(mm)	1.5
启用回抽	外部 ∨
回抽前的最少挤出量(mm)	0.02
回退时Z轴抬起(mm)	0.0

裙边

线数	10
开始距离(mm)	0
最小长度 (mm)	150.0

冷却

风扇全速开启高度(mm)	0.5
风扇最小速度(%)	100
风扇最大速度(%)	100
最小速度(mm/s)	10
喷头移开冷却	☐

填充

填充顶层	☑
填充底层	☑
填充重合(%)	5

支撑

支撑类型	网格支撑 ∨
支撑临界角(deg)	55
支撑密度(%)	18
距离 X/Y (mm)	0.7
距离 Z (mm)	0.1

螺旋

螺旋打印	☐
打印壳体	☐

底层边线

边缘线圈数	0

底层网格

外加边线(mm)	4.0
线条间距 (mm)	2.5
底层线厚 (mm)	0.4
底层线宽 (mm)	1.5
表层线厚 (mm)	0.4
表层线宽 (mm)	0.4
相隔间隙(mm)	0.1
首层间隙(mm)	0.1
表面层数	1
初始层厚 (mm)	0.27
接触层走线宽度 (mm)	0.4

修复漏洞

闭合面片(Type-A)	☑
闭合面片(Type-B)	☐
保持开放面	☐
拼接	☐

Ok

图 5-2-12 "专家设置"对话框

也可以在图 5-2-7 中单击"高级"按钮，参数设置如图 5-2-13 所示。

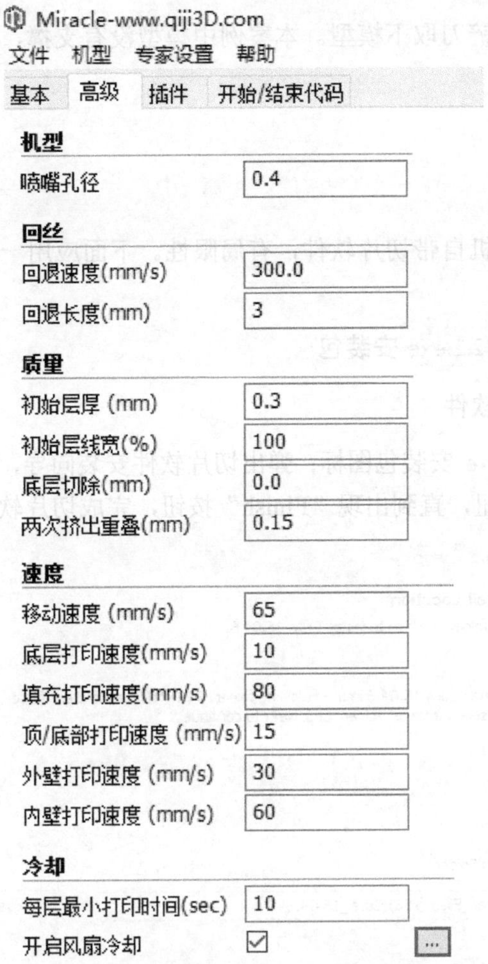

图 5-2-13 "高级"设置

5.2.2 打印操作

【Step1】开机

打印机接入电源后，按下打印机开关，即可启动打印机。此时，打印机开机屏幕显示为打印文件目录。

【Step2】调用打印程序

（1）单击显示屏上"打印"按钮，切换打印程序调用操作界面，按上下箭头，光标会移动到"刀片"程序处；单击该程序，进入打印机操作界面。

（2）单击 ▶ 按钮；进入打印进程操作界面；开始实施打印。

调用打印程序介绍，可参考图 5-1-30 至图 5-1-33。

【Step3】后处理

模型打印完成。用小铲刀取下模型。本案例中模型没有支撑，不需要去除操作，取下模型即可。

相关知识

我们一直用的是打印机自带切片软件，有局限性。下面应用一款通用软件对铣刀片进行切片处理。

【Step1】 C Cura_15.02.1.exe 安装包

【Step2】按指示安装软件

单击 C Cura_15.02.1.exe 安装包图标；弹出切片软件安装向导，如图 5-2-14 所示。默认所有设置，单击"Next"按钮，直到出现"Finish"按钮，完成切片软件的安装。

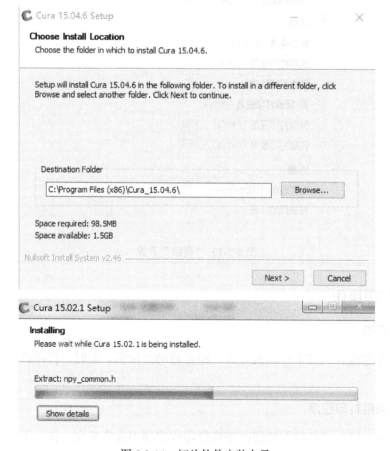

图 5-2-14 切片软件安装向导

第一次使用 Cura-15.02.1 时，弹出初次使用对话框如图 5-2-15 所示。

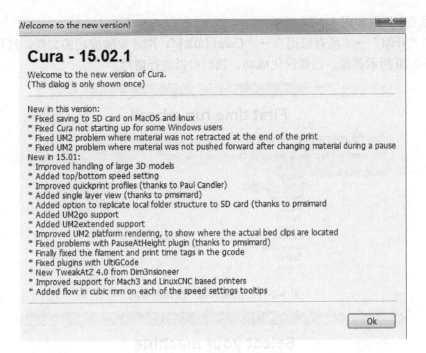

图 5-2-15　初次使用对话框

在图 5-2-15 中，单击"OK"按钮，弹出初次运行向导对话框，如图 5-2-16 所示。

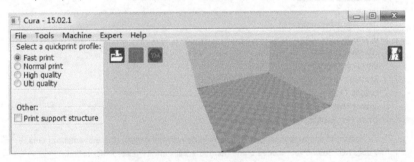

图 5-2-16　初次运行向导对话框

若发现是英文界面，可以进行汉化后再行使用。

【Step3】汉化切片软件

单击汉化包 Cura_15.01_汉化包 图标，把汉化包中 3 个文件夹复制粘贴到安装目录下，进行合并替换。

单击"开始"→"所有应用"→"Cura15.02.1"，打开刚才安装成功的文件，弹出汉化后第一次使用界面，如图 5-2-17 所示。

语言栏中增加了"Chinese"选项，将语言栏设置成"Chinese"，然后单击"Next"按钮，弹出如图 5-2-18 所示打印机型号设置界面。

根据打印机型号进行选择，现在默认为 UItimaker 2+打印机，然后单击"Next"按钮，弹出如图 5-2-19 所示 UItimaker 2 打印机界面。在该界面参数设置默认，最后单击"Finish"按钮，汉化后工作界面如图 5-2-20 所示。

再单击"开始"→"所有应用"→"Cura15.02.1"，刚才安装成功的文件，打开该文件，弹出如图 5-2-20 所示界面，已经汉化成功。我们可以进行切片。

图 5-2-17　汉化后第一次使用界面

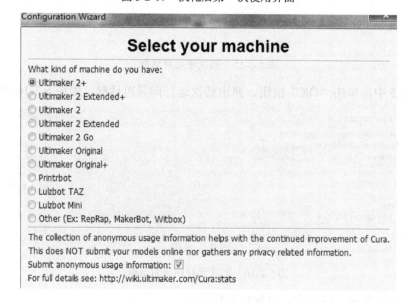

图 5-2-18　打印机型号设置界面

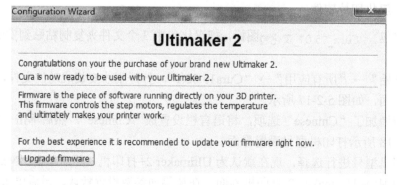

图 5-2-19　UItimaker 2 打印机

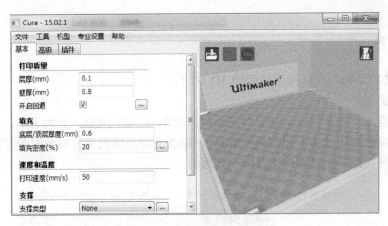

图 5-2-20　汉化后工作界面

【Step4】机型设置

Cura-15.02.1 切片软件用法与奇迹三维的"Miracle"相似。Cura-15.02.1 应用更广泛，可以设置更多的机型，"机型设置"对话框如图 5-2-21 所示，导出相应代码。打印机平台也可以设置，如图 5-2-22 所示，设置成圆形打印平台。

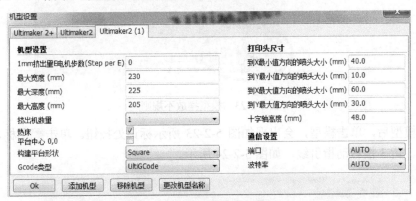

图 5-2-21　"机型设置"对话框

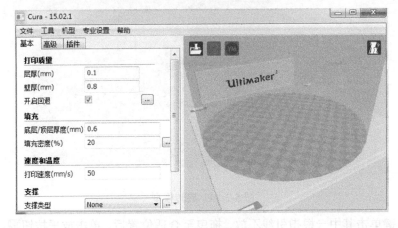

图 5-2-22　圆形打印平台

课后拓展

应用 FDM 打印机，完成电话机听筒 3D 打印。

切片技巧提示：

若模型在拖入打印区域后，摆放得不规则，如图 5-2-23 所示，上大下小，在打印时需要添加支撑才能完成打印（由于存在悬空的面），添加支撑后既浪费材料也影响打印表面质量，因此在开始切片前最好先对模型进行以下处理。

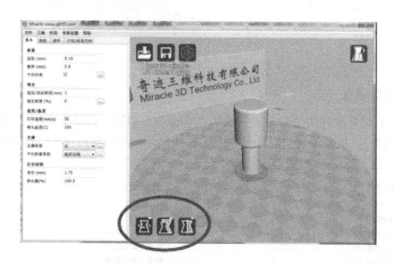

图 5-2-23　模型摆放不规则

在拖入模型后，单击模型，会出现如图 5-2-23 所示标记处按钮。单击 图标，模型上会显示红、绿、黄 3 根移动指引线，如图 5-2-24 所示。

图 5-2-24　旋转模型

用鼠标左键单击其中一根指引线不放，拖曳至合适位置后，单击放平按钮，则模型就自动放平在打印平台上，如图 5-2-25 和图 5-2-26 所示。

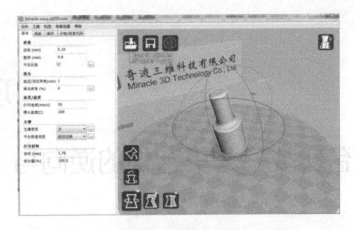

图 5-2-25　模型旋转摆放

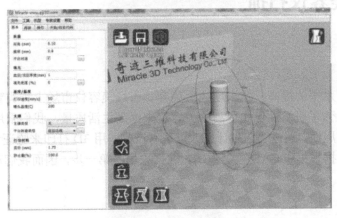

图 5-2-26　摆正模型

模型切片完成后，可进行分层预览，如图 5-2-26 所示。

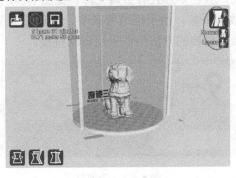

图 5-2-27　分层预览

温馨提示

　　为了能打出效果出色的产品，在对模型进行切片时，尽量避免有悬空的面出现，若无法避免就将参数设置中的支撑类型改成"全部支撑"。

项目 6

综合实战——美容仪的逆向与 3D 打印

任务 6.1 　美容仪扫描

　　随着人们生活水平的提高，越来越注重美容。市场美容仪市场上种类繁多，从几十元到成千上万的都有；为了研发性价比更高的美容仪来提高生活质量，我们采用逆向方法来进行研制可以缩短研发周期。通过逆向设计来改进现有产品，用 3D 打印来验证设计。因此，这次任务是美容仪的数据采集和 CAD 模型重构，数据采集是第一步，因而我们对美容仪进行三维扫描采集数据。

任务分析

　　美容仪全部由曲面构成，颜色多彩且有金属光泽，如图 6-1-1 所示。因此，我们必须对美容仪先进行喷粉才能进行数据采集，由于细节特征多，为保证局部特征，需要多次扫描拼接而成，所以需要粘贴标记点。拼接的方法仍然采用自动拼接。

图 6-1-1　美容仪

任务实施

【Step1】喷粉

　　美容仪颜色近似深褐色，颜色偏深且有金属光泽，直接进行扫描时，深色物体的反光效果不好，难采集数据；金属光泽反光太过，也难采集数据，因此，需要对美容仪进行喷粉处理，首先需要选择合适的显像剂。

1）选择显像剂

为了使美容仪清晰显像，可以使用亚光白色显像剂覆盖被扫描物体表面，对扫描物体喷一层薄薄的显像剂，这样做是为了更好地扫描出物体的三维特征，数据会更精确。但是要注意，显像剂喷得过多，会造成厚度叠加，对扫描精度造成影响。

选用新美达 DPT-5 显影剂（三维扫描显影专用），喷涂美容仪表面，可使得美容仪表面呈现良好的漫反射，有效改善美容仪由于深褐色造成的扫描数据质量差的缺陷，使美容仪更易于扫描，获取高质量的点云数据。该显像剂具有喷涂均匀，颗粒细小，可用清水冲洗，不会影响扫描精度等优点。

2）喷涂美容仪表面

（1）清洁美容仪表面，使美容仪表面干燥、干净。

（2）将美容仪置于纸上，放于室外通风处。

（3）单手持握显像剂，摇匀，防止显像剂沉淀。

（4）近距离对准放工件体的纸张，食指轻摁喷头试喷，通过所喷区域校正喷头；使喷头正对前方。

（5）正对美容仪，将显像剂置于美容仪前 30～50cm 处，并将喷头向下倾斜 30°，轻摁喷头，环绕美容仪一周，使喷粉均匀附着于美容仪表面。

（6）检查喷粉是否均匀，若有未喷粉或粉稀疏处可适当增加。

（7）将已完成部分喷涂的美容仪置于室温下，晾置 15～20 分钟。

（8）戴上手套，轻拿起美容仪进行翻身，把底面朝上，进行其余表面的喷涂，直至美容仪表面完全附着均匀的显像剂。

（9）置于室温下，晾置 15～20 分钟，待显像剂完全干透。

温馨提示

不能将粉状没有完全晾干的工件翻转再进行其他部位的喷粉，喷粉过程中工件体应轻拿轻放，避免已喷的显像剂脱落。

请勿在喷粉时嬉戏玩闹，保持安全距离。

请勿在密闭的空间内喷涂，防止有害气体损害健康。

【Step2】贴标记点

（1）将已经完全晾干的美容仪放于桌上，根据美容仪的大小与表面特征，选择合适的标记点。美容仪最大边长约 15mm，因而选取尺寸为 1mm 的标记点，标记点过大会掩盖美容仪特征。

（2）用棉签将要贴标记点处擦拭干净，去除浮粉，防止标记点粘贴不牢。

（3）用镊子将 1mm 的标记点以 V 字形无规则分散粘贴于美容仪表面，粘贴过程中确保有至少 3 个共同的标记点作为已拍摄与未拍摄的过渡点。

（4）标记点全部粘贴完成后，检查美容仪上显像剂是否有刮蹭，标记点粘贴地方是否合理并有无脱落等。

【Step3】扫描

（1）打开 VTOP 软件，进入扫描界面。

（2）新建工程。

单击"文件"→"新建工程"，弹出"新建工程"对话框，如图 6-1-2 所示。在对话框"名称"一栏中输入工程名称，在"路径"中设置存放路径。单击"确定"按钮进入数据采集界面。单击"打开相机"图标 ▒ 打开相机。

图 6-1-2 "新建工程"对话框

（3）将贴好标志点的美容仪放在旋转托盘上，并在旋转托盘上无规则地粘贴上一些标记点作为自动拼接的参考点，便于拼接，扫描仪对准美容仪。

（4）打开光机后面的开关键，使光机投射出蓝色光源，将光栅投射到美容仪上。

（5）调节三脚架高度及扫描仪的前后位置和仰俯角度，进而使投射光栅的十字光标进入相机的中心方框内，使计算机屏幕上显示的相机十字包含在方框内，调节光机调焦旋钮，使光栅为最清晰状态。如发现画面亮度不适，可按图 6-1-3 所示调节软件中"亮度调节"条，使画面成为黑灰色，并使光栅清晰。

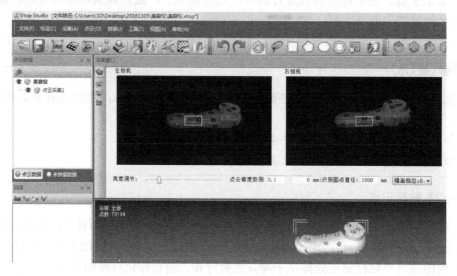

图 6-1-3 调节清晰度

（6）设置拼接方案。

单击"工具"→"设置"→"采集"→"扫描参数"命令，弹出"设置"对话框。在对话框的"扫描参数"选项中，将"识别方式"勾选为"标志点"，其他扫描参数设置为默认。

（7）采集数据。

① 采集第一幅数据。

单击"采集"命令 ，进行第一幅数据采集，显示并查看采集数据。通过对视图窗口中显示的点云图进行观察，要保证当前扫描的数据必须含有至少 3 个标志点的数据，以保证后面采集的数据能够正确拼接，如图 6-1-3 所示，至少有 3 个绿色点。

② 进行下一组图像采集。

旋转托盘，改变美容仪的不同位置，进行下一幅图像扫描。

将托盘旋转 15°，再次单击"采集"命令进行下一幅图像扫描，得到如图 6-1-4 所示的点云数据。再次将托盘旋转 15°，单击"采集"命令进行下一幅图像扫描，总共扫描了 6 次，完成对中间部分和反面美容仪的扫描，直至美容仪的数据完整，如图 6-1-5 所示。

图 6-1-4　第二幅点云数据

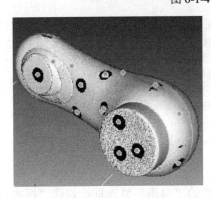
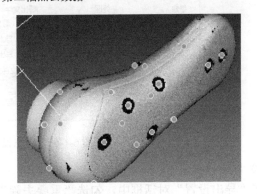

图 6-1-5　美容仪完整的扫描数据

（8）数据保存。

待美容仪的全部数据采集完成后，单击"文件"→"保存"命令，采集的数据将按新建工程时设定路径与文件名进行保存。然后关闭相机及光机。

（9）删除杂点。

保存原始采集数据后，需对原始数据进行除杂等处理再导出数据。

① 最佳显示点云数据。

单击"点云"→"合适尺寸"命令，点云将以最佳视图比例显示在屏幕上。

② 选择点云方法

单击"点云"→"选择点云"→"套索"命令，可以使用套索（矩形、多边形、椭圆形）来选择点云，选中的点云将变成红色。

③ 删除选中点云。

按"Delete"键或单击"点云"下拉菜单中"删除"命令可删除选中点。

（10）导出数据。

① 单击"文件"→"导出"命令，弹出"精度提示"对话框，提醒我们是否已经删除杂点。如果没有，则返回上一步进行点云处理；如果已经完成杂点删除，单击"是"按钮则在弹出的"保存提示"对话框中询问是否存储修改，单击"是"按钮弹出"导出设置"对话框，如图 6-1-6 所示。

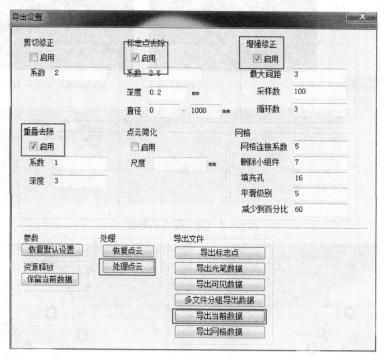

图 6-1-6 "导出设置"对话框

② 导出设置

在"导出设置"对话框中，勾选"重叠去除"栏的"启用"复选框；勾选"标志点去除"栏的"启用"复选框，勾选"增强修正"栏的"启用"复选框，其他参数默认。单击"处理点云"按钮，系统自动进行点云处理，除去扫描中重叠点及标志点，运算完成后回到"导出设置"对话框。

任务 6.2 美容仪扫描数据处理

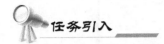

应用 Geomagic Studio 2014 对美容仪进行点云数据处理。

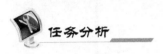

为 CAD 重构做好准备。接下来需要将 VTOP 导出的.asc 格式文件，在 Geomagic Studio 2014 软件里进行数据预处理及坐标系对齐操作。在 Geomagic Studio 2014 软件里进行数据预处理，首先要导入数据，然后在"点编辑"模块中进行删除体外孤点、减少噪声点、"统一采样"精简数据，最后封装成.STL 格式，进入"多边形编辑"模块，进行填补孔洞、去除错误特征等操作，完成后对齐坐标，输出到 CATIA 软件中重构 CAD 模型。

6.2.1 导入点云文件

【Step1】打开 Geomagic Studio 2014 软件

双击桌面 Geomagic Studio 2014 图标 ，打开 Geomagic Studio 2014 软件，进入 Geomagic Studio 2014 初始界面，如图 6-2-1 所示。

图 6-2-1 Geomagic Studio 2014 初始界面

【Step2】新建"美容仪"文件

在图 6-2-1 中，单击"任务"→"新建"图标 新建 ，进入"新建"文件界面，如图 6-2-2

所示。

图 6-2-2 "新建文件"界面

【Step3】导入点云

1）打开命令

单击"菜单按钮" 下拉菜单中的"导入"命令 ，弹出选择"导入"文件对话框，如图 6-2-3 所示。

图 6-2-3 选择"导入"文件对话框

2）选择导入文件

单击"文件名"列表，选择"点云"存放路径——VTOP 软件保存的"美容仪.asc"文件，单击"打开"按钮，弹出"文件选项"对话框，如图 6-2-4 所示，设置导入数据的采样比率。

3）设置导入数据的采样比率

一般数据不是很大，"采样"比率设置成"100%"，并勾选"保持全部数据进行采样"复选框，单击"确定"按钮，即可导入点云，Geomagic Studio 2014 软件界面显示导入的"美容仪"点云，如图 6-2-5 所示。

图 6-2-4 "文件选项"对话框

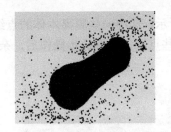

图 6-2-5 导入的点云

4）设置单位

一般工程上采用"毫米"为计量单位，因此，Geomagic Studio 2014 默认单位为毫米，不需要另外再设置。单击"确定"按钮。

6.2.2 杂点处理

【Step1】着色点云

单击"着色"图标 下拉列表中"着色点"命令 [着色点]，着色前点云如图 6-2-6 所示。

由于环境、扫描精度等影响，会形成一些杂点。为了保证建模精度，在重构 CAD 模型前，需要对这些杂点进行删除。

【Step2】删除体外孤点

单击"选择" → "体外孤点" [体外孤点] 图标，弹出"选择体外孤点"对话框，如图 6-2-7 所示。在对话框"敏感度"栏中设置为"85.0"，单击"应用"按钮；然后单击"确定"按钮，如图 6-2-8 所示（红色的点），一些与其他多数点保持一定距离的孤点被选中。

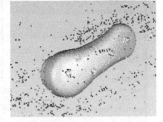

图 6-2-6 着色后的点云

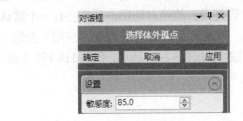

图 6-2-7 "选择体外孤点"对话框

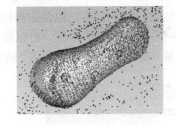

图 6-2-8 "体外孤点"被选中

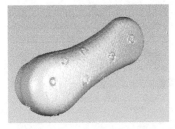

图 6-2-9 删除体外孤点后

单击工具栏中"删除" 按钮，得到如图 6-2-9 所示的点云，体外孤点被删除，孤立的杂点基本去除。

【Step3】删除非连接项

由于测量、拼接等误差，一些点组脱离测量点云，与其他点云相距遥远。接下来就要去除这些点。单击"选择" → "非连接项" 图标，弹出的"选择非连接项"对话框，如图 6-2-10 所示。一般默认设置"尺寸"值为"5.0"，单击"确定"按钮，如图 6-2-11 所示，选中一些脱离本体的点组（红色点），移动鼠标到工具栏，单击"删除"按钮，删除这些点组，完整这步操作后，杂点处理基本干净。

图 6-2-10 "选择非连接项"对话框

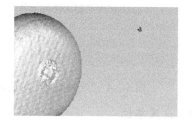

图 6-2-11 选中的"非连接项"点组

由于扫描误差，扫描所得的一些点会偏离正确的位置，产生噪音。应用"减少噪音"命令，可以将点移至统计的正确位置以弥补扫描误差，这样点的排列会更平滑。

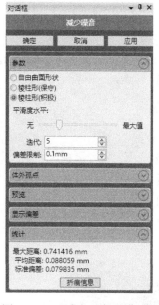

图 6-2-12 "减少噪音"对话框

【Step4】减少噪音

单击"减少噪音"图标，弹出"减少噪音"对话框，如图 6-2-12 所示。"迭代"设置为"5"，"偏差限制"设置为 0.1，其他各参数设置默认，单击"应用"按钮后再单击"确定"按钮。这样的操作可以进行多次，最大偏差会越来越小。

【Step5】统一采样

为了便于操作，在保证不损坏数据的情况下减少计算的数据量，可以进行统一采样，简化数据。统一采样的功能可以在保持原来特征的情况下，删除多余的点云，但是不能过多采样。

单击"统一"图标，弹出"统一采样"对话框，如图 6-2-13 所示。统一采样前数据如图 6-2-14 所示，有 335 329 个点。一般根据所测物体的大小来设置点云的绝对间距，系统会有一个默认值。可以根据需要设置，如图 6-2-15 所示。单击"应用"按钮，再单击"确定"按钮，其效果如图 6-2-16 所示，仅剩 118 756 个点。

图 6-2-13 "统一采样"对话框

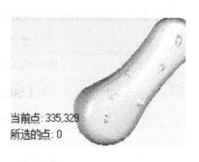

图 6-2-14 "统一采样"前点云

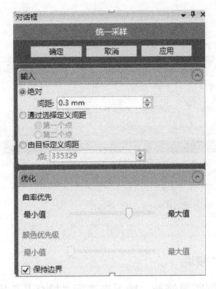

图 6-2-15　"统一采样"设置

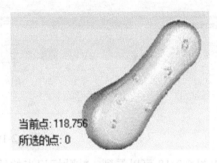

图 6-2-16　"统一采样"后点云

6.2.3　封装

完成点云编辑后，需要将点云转为网格，即将点对象转换成多边形对象，进行填孔、去除特征等操作。

单击"封装"图标 ，弹出"封装"对话框，如图 6-2-17 所示。将对话框中的"噪音的降低"设置为"中间"，其他设置如图 6-2-17 所示，单击"确定"按钮，得到如图 6-2-18 所示的封装后"美容仪"数据。

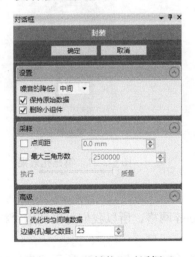

图 6-2-17　"封装"对话框

图 6-2-18　封装后的"美容仪"数据图

6.2.4　多边形处理

【Step1】填充孔

完成点云编辑以及封装后，界面自动进入"多边形"模块，如图 6-2-19 所示，可以进行

"修补""平滑""填充孔""联合""偏移"等操作。

图 6-2-19 "多边形"模块

由图 6-2-18 可以看到，粘贴标记点的地方还有孔洞需要修补，接下来进行"填充孔"操作。

单击"全部填充"图标 ，弹出"全部填充"对话框，如图 6-2-20 所示。由于点位置不一，所以勾选"最大周长"复选框。单击图中任意一孔的绿色边线 ，即可显示出该孔最大周长 33.022 mm ，略微扩大数值后 34.0 mm ，单击"应用"按钮，然后单击"确定"按钮，即可完成孔洞填充。重复此步骤直至简单孔填充完毕。不选"选择背景模式" ，将复杂孔的冗余部分删除 ，使用填充单个孔 ，选择"切线""内部孔"填充要填充的孔，单击 完成填充，其效果如图 6-2-21 所示。

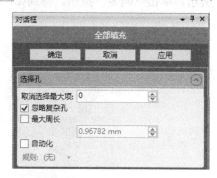

图 6-2-20 "全部填充"对话框

图 6-2-21 填充孔效果

【Step2】网格修复

多边形表面尤其是曲面部分容易出现钉状物等细碎网格，所以我们可以利用"松弛""删除钉状物"等命令来修复表面。

单击"网格医生"图标 ，弹出"网格医生"对话框，如图 6-2-22 所示。先单击"更新"按钮，图形区域中"美容仪"有缺陷的地方将显示红色，如图 6-2-23 所示。

单击"操作"→"类型"→"自动修复"命令，再单击"应用"按钮后，单击"确定"按钮，将完成点云的数据网格自动修复。修复后红色消失。

图 6-2-22　"网格医生"对话框

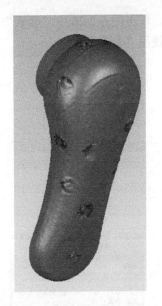

图 6-2-23　"网格医生"诊断结果

（温馨提示）

　　如果错误复杂，无法自动修复（自动修复后变形），可以手动删除，再填充孔。

6.2.5　对齐坐标

　　为了后期 CAD 重构时处理方便，需要确定点云相对于全局坐标系的位置，所以接下来我们进行对齐坐标操作。

【Step1】调用特征命令

　　单击"特征"图标 特征 ，软件切换到"特征"工具栏界面，如图 6-2-24 所示。

图 6-2-24　"特征"工具栏

【Step2】创建平面 1

1）调用命令

　　单击"平面"图标 平面 下拉菜单，选择"最佳拟合"选项 最佳拟合 ，弹出"创建平面"对话框，如图 6-2-25 所示。

2）确定选择工具

　　在 Geomagic Studio 2014 软件视窗的右侧有对象选择工具，如图 6-2-26 所示，使用"套索"

来选择对象。单击图 6-2-26 中"套索"图标，激活"套索"选项（激活状态为黄色），确定选择模式为使用"套索"。

图 6-2-25　"创建平面"对话框

图 6-2-26　对象选择工具

3）选择创建平面点云

在图形窗口中，用"套索"或其他工具选择"美容仪"点云数据，如图 6-2-27 所示。完成选择后，单击"创建平面"对话框中"应用"按钮，然后再单击"确定"按钮，即完成平面 1 创建，如图 6-2-28 所示。

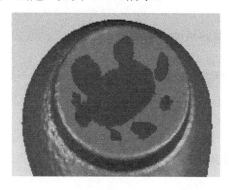

图 6-2-27　按用"套索"方式选择数据

图 6-2-28　平面 1 的创建

【Step3】创建平面 2

1）调用命令

单击"平面"图标下拉菜单，选择"对称"选项 ，弹出如图 6-2-29 "创建平面"对话框。单击对话框中"对齐平面"选项→"定义"的下拉菜单，选择"直线"命令。

图 6-2-29 "创建平面"对话框

2）创建对称平面 2

在图形窗口，按住鼠标左键在靠近对称面的地方拖动过去，形成一条直线（黄色线即拖动产生的线）如图 6-2-30 所示；单击"创建平面"对话框中"应用"按钮，软件自动调整，再单击"确定"按钮，即完成平面 2 的创建，如图 6-2-31 所示。

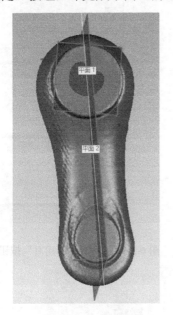

图 6-2-30　创建直线

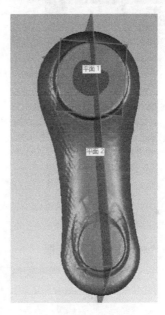

图 6-2-31　平面 2 的创建

【Step4】对齐平面

1）切换"对齐"工具栏

单击"对齐"命令 对齐 ，如图 6-2-32 所示。

2）调用"对齐到全局"命令

单击"对齐到全局"图标 ，弹出"对齐到全局"对话框如图 6-2-33 所示。在对话框"固定：全局"列表框中选择"XY 平面"，在"浮动：美容仪-ASC"列表框中选择"平面 1"，单

逆向设计与3D打印

击"创建对"按钮，对话框显示如图 6-2-34 所示。再单击"确定"按钮，结果如图 6-2-35
所示。

图 6-2-32 "对齐"工具栏

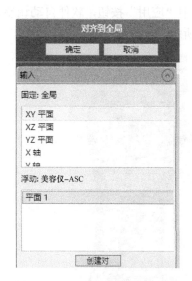

图 6-2-33 "对齐到全局"对话框

图 6-2-34 单击"创建对"按钮后的对话框

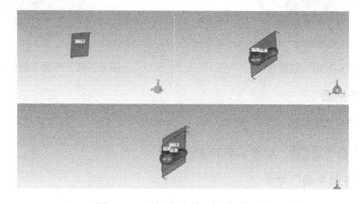

图 6-2-35 完成对齐坐标系的结果

6.2.6 导出文件

最后以".stl"数据格式导出文件。

单击"菜单按钮"图标 ，下拉列出如图 6-2-36 所示的菜单命令列表；选择"另存为"命令，弹出"另存为"对话框，如图 6-2-37 所示。在"文件名"中输入保存文件名称为"美容仪"，在保存类型中选择"STL（binary）文件（*.stl）"，完成设置后，单击对话框中"保存"按钮，即完成了对美容仪导出的操作。

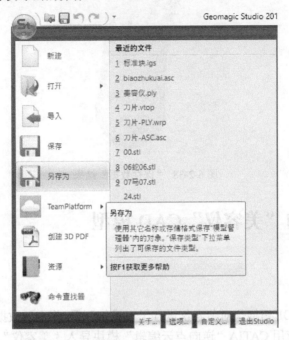

图 6-2-36　菜单命令

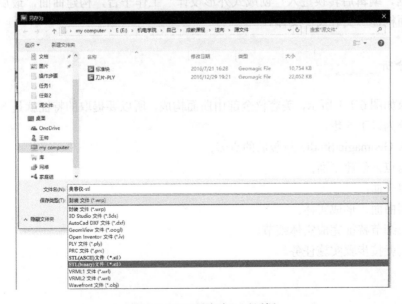

图 6-2-37　"另存为"对话框

"保存数据"结果如图 6-2-38 所示。

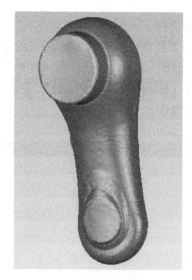

图 6-2-38 "保存数据"结果

任务 6.3 重构"美容仪"CAD 模型

前面已经使用 VTOP 扫描仪对美容仪进行了三维扫测量，将点云数据导入 Geomagic Studio 进行了处理，现在再应用 CATIA"逆向点云编辑"模块导入"美容仪"Geomagic Studio 封装后的点云数据，编辑后转换进入"创成式外形设计"工作平台，构建曲面，最后进入零件设计模块，由面构建"美容仪"实体。

逆向对象如图 6-1-1 所示，美容仪全部由曲面构成，所以要提取的特征就是 N 个曲面。曲面重构操作分为以下 5 步：

（1）导入 Geomagic Studio 封装后的点云；
（2）根据点云创建平面；
（3）修剪平面；
（4）封闭曲面，形成实体；
（5）利用细节特征完成实体细节。

下面我们就按步骤实施任务。

6.3.1　导入点云

Step1：打开软件

双击桌面图标 打开 CATIA V5R21。

Step2：新建文件

按住"Ctrl+N"组合键，类型列表选择"Part"文件，单击"确定"按钮，在弹出的如图 6-3-1 所示"新建零件"对话框中"输入零件名称"：meirongyi；单击"确定"按钮完成"meirongyi"文件创建。

图 6-3-1　"新建零件"对话框

Step3：导入点云

完成文件创建后，要导入 6.2 节完成的"美容仪"处理好的点云数据。CATIA 为方便用户使用，有"创成式外形设计""逆向点云编辑"等许多工作台，一般新建时默认进入零件创建工作台或上次软件关闭时的工作台，点云导入功能在"逆向点云编辑"工作台中，因此需要切换到"逆向点云编辑"工作台工作模式。

（1）如图 6-3-2 所示，单击"开始"→"形状"→"逆向点云编辑" ，即可进入该工作台模式，如图 6-3-3 所示。

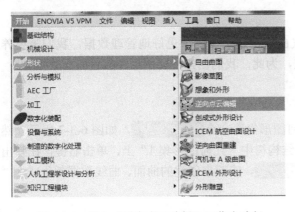

图 6-3-2　进入"逆向点云编辑"工作台路径

图 6-3-3　"逆向点云编辑"工作台

（2）现在可以导入"美容仪"点云了。单击图 6-3-3 中"输入" ，弹出如图 6-3-4 所示"输入"对话框，"格式"设置为"Stl"，单击"更多"按钮 ，弹出如图 6-3-5 所示"选择文件"对话框，选择已经完成的"美容仪"点云 stl 文件，然后单击"打开"按钮，回到"输入"对话框。

（3）单击"应用"按钮 ，加载"美容仪"点云数据，加载完成后，单击"确定"按钮激活，然后再单击"确定"按钮完成点云数据导入，结果如图 6-3-6 所示，结构树如图 6-3-7 所示。

图 6-3-4 "输入"对话框

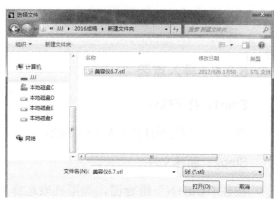

图 6-3-5 "选择文件"对话框

图 6-3-6 导入的美容仪点云数据

图 6-3-7 结构树

6.3.2 曲面重建

完成点云数据导入后，要进行美容仪曲面构建了，为了更好地管理数据，我们需要养成数据管理的习惯，分门别类管理数据类型，为此，我们创建几何图形集放置曲面数据。

Step1：创建几何集

单击"插入"按钮 插入，选择"几何图形集"命令 几何图形集...，如图 6-3-7 所示。然后单击"确定"按钮完成创建。移动鼠标到结构树中"几何图形集 1"上，单击右键，在弹出的快捷菜单中选择"定义工作对象"命令 定义工作对象，接下来创建的曲面、曲线数据都生成在"几何图形集 1"下。

Step2：投影点云

为了更好地得到轮廓数据，需要进行投影操作。

（1）选择菜单栏"插入"→"操作"→"投影至平面"命令或单击工具栏中"投影到平面"按钮 ，弹出如图 6-3-8 所示"投影至平面"对话框。

（2）"图元"选择导入的美容仪 STL 模型，"平面"选择 xy 平面，单击"应用"按钮后，再单击"确定"按钮，结果如图 6-3-9 所示。

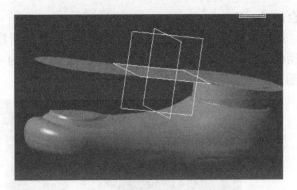

图 6-3-8　"投影至平面"对话框　　　　　　　图 6-3-9　投影结果

Step3：进入逆向曲面重建工作台

完成点云处理后，进入曲面创建阶段，需要把工作台切换到"逆向曲面重建"模式。

选择"开始"→"形状"→"逆向曲面重建"命令 ，进入该工作台。

逆向设计一般流程是由"点"构"线"→由"线"构"面"→封闭"曲面"形成实体。下面，开始提取构建线的点云。美容仪整体点云数据上万个，如果手动选择难以完成。我们将采用"平面切面"方式来提取通过平面的点云。

单击"平面切面"按钮 ，弹出如图 6-3-10 所示"平面形式切面"对话框。"图元"选择导入的美容仪.stl 点云，"参考"选择 yz 平面 ，"数目"栏输入 1，单击"应用"按钮后，再单击"确定"按钮，图形上出现一条蓝色的点云"线"，如图 6-3-11 所示。

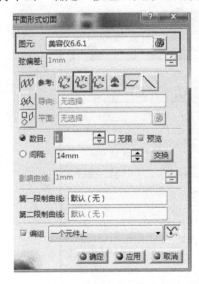

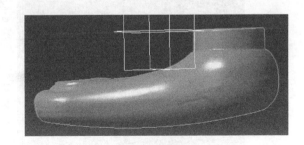

图 6-3-10　"平面形式切面"对话框　　　　　　图 6-3-11　切面形成点云"线"

Step4：进入创成式外形设计工作台创建平面 1

在"创成式外形设计"工作台中创建曲面、曲线较为方便，下面切换工作台进入"创成式外形设计"模式。

选择"开始"→"形状"→"创成式外形设计"命令 进入创成式外形设计工

作台。

在该工作台中创建 xy 平面的平行面。单击"新建平面"下拉按钮，弹出"平面定义"对话框。"参考"选择 xy 平面，"偏置"距离设置为 4，单击"确定"按钮完成平面 1 创建，如图 6-3-12 所示。

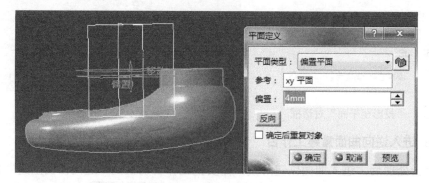

图 6-3-12　创建平面 1

Step5：进入逆向曲面重建工作台

再次切换至"逆向曲面重建"模式，单击"平面切面"按钮，弹出"平面形式切面"对话框。"图元"选择美容仪 stl 点云，"参考"选择"翻转至所选平面"，选择刚刚创建的平面 1，然后单击"应用"按钮后，再单击"确定"按钮，完成水平截面特征线点云提取，如图 6-3-13 所示。

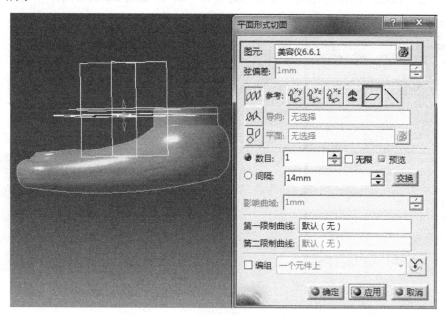

图 6-3-13　水平截面轮廓线点云

为了更好地管理数据，创建几何图形集 2，用来存放轮廓曲线与曲面。

单击"插入"按钮 插入 ，选择"几何图形集"命令 几何图形集... ，弹出"投影至平面"对话框。单击"确定"按钮，在右键图形树中选择"几何图形集 2"，选择"定义工作对象" 定义工作对象 。

Step6：进入创成式外形设计工作台，绘制草图1——圆

切换至"创成式外形设计"模式，单击"草图"按钮，"新建平面"选择之前创建的平面1，单击"确定"按钮进入草图绘制工作台。单击"圆"工具，以原点为中心绘制圆形，拖动圆形至已创建的蓝色特征曲线相合，单击按钮完成草图操作，完成结果如图 6-3-14 所示。

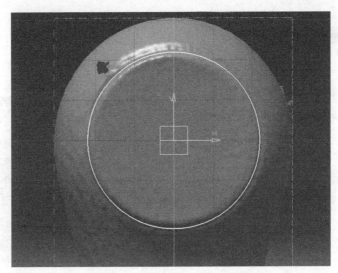

图 6-3-14 草图 1——圆的创建

Step7：拉伸草图1成曲面

单击"拉伸"按钮，选择草图1绘制的圆，设置"限制1"中"尺寸"为6mm、"限制2"中"尺寸"为7mm，单击"确定"按钮，完成拉伸1——美容仪头部圆柱面的创建，如图 6-3-15 所示。

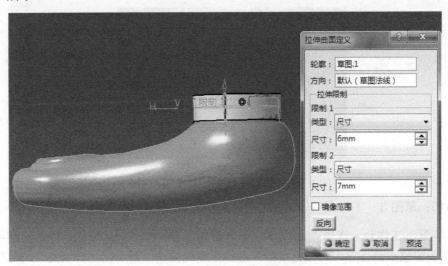

图 6-3-15 美容仪头部圆柱面创建

Step8：分割曲面

美容仪左右对称，我们只要做一半，另一半采用对称方法创建就可以了。因此，把拉伸 1 创建的圆柱面切除一半。

选择"分割"命令 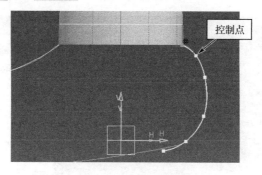，弹出"定义分割"对话框，如图 5-3-16 所示。"要切除的图元"选择圆柱面"拉伸.1"，"切除图元"选择"yz 平面"，单击"确定"按钮完成切除，结果如图 6-3-17 所示。

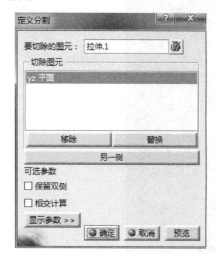

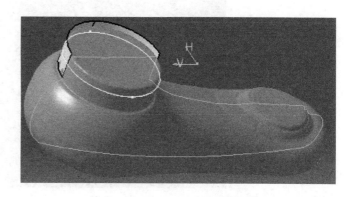

图 6-3-16 "定义分割"对话框　　　　　　图 6-3-17 切除半圆柱面结果

Step9：绘制草图 2

单击"草图" 工具，进入草图工作台，选择"yz 平面"作为草图 2 绘制面。单击 工具，使用"样条线"命令沿蓝色线描绘出如图 6-3-18 所示草图曲线 ，最上面"控制点"与开始时创建的点"约束" 相合 相合，完成后退出草图 2。

图 6-3-18 描绘的样条线

Step10：草图 3

进入草图 工作台，选择"yz 平面"作为草图 3 绘制平面。同 Step9 操作，使用"样条线"，对照美容仪点云（导入的棕色模型）进行分型线描绘，最右侧"控制点"与草图 2"约束" 相合 相合，完成后如图 6-3-19 所示。

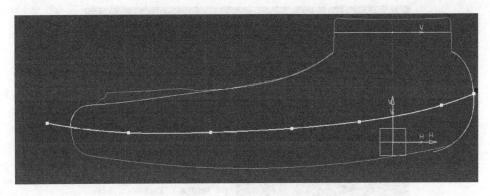

图 6-3-19　完成的分型线结果

Step11：草图 4

进入草图工作台，选择"yz 平面"作为草图 4 绘制平面，使用"样条线"，描绘出如图 6-3-20 所示曲线，图中最右端在分割后圆形面的顶点上，最左端控制点与分型线"约束"相合，完成后退出草图。

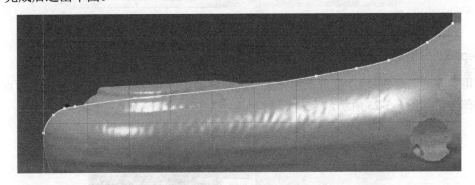

图 6-3-20　绘制样条曲线

隐藏点云，隐藏点云的方法如图 6-3-21 所示，右键图形树中的点云选择"隐藏/显示"命令。

图 6-3-21　隐藏点云

Step12：创建点

单击"点"命令按钮，新建一个点。如图 6-3-22 所示，在"点定义"对话框中，"曲线"选择分割后圆柱面上的线，再"点击"想要创建的点的位置，然后单击"确定"按钮创建点 1。再次使用"点"命令，创建点 2——分割后圆柱边的另一个端点。

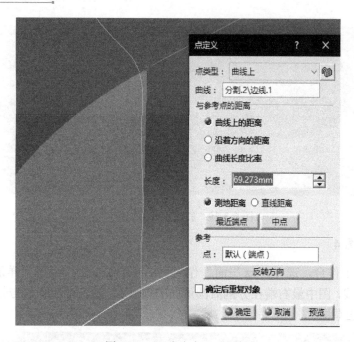

图 6-3-22 "点定义"对话框

Step13：分割草图 4 曲线

使用"分割"命令 ，"要分割的元素"选择草图 4，"切除元素"选择混合 1/顶点 1，保留上半部分，如图 6-3-23 所示。

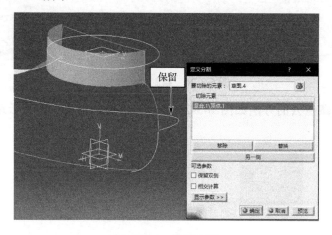

图 6-3-23 分割曲线

Step14：草图 5

进入草图 ，选择"yz 平面"草图平面，应用"样条线"命令，描绘如图 6-3-24 所示样条曲线 1，最右端控制点与新建点"约束" 相合，最左控制点与草图 1 所绘直线约束相合。

应用"样条线"命令，绘制左侧样条曲线 2，并且与图 6-3-24 中样条曲线 1 约束"相切"，完成后效果如图 6-3-25 所示。

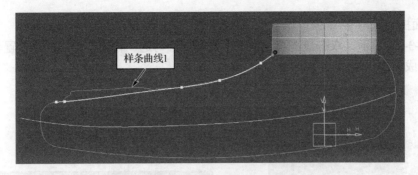

图 6-3-24 绘制样条曲线 1

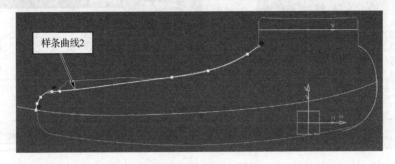

图 6-3-25 约束相切

Step15：光顺样条曲线

进入"创成式外形设计"工作台，单击"接合"命令下黑三角按钮 ▨ 展开工具条，选择"曲线光顺" ⑤ 命令，对草图 5 曲线进行光顺，将"连续"切换为"曲率"选项，如图 6-3-26 所示。

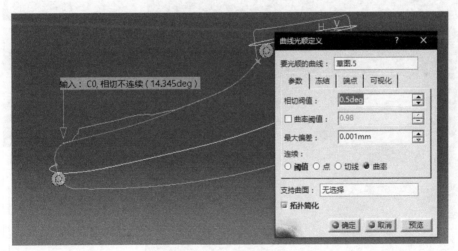

图 6-3-26 接合曲线

Step16：绘制草图 6

进入草图 ⬚ 工作台，选择"xy 平面"作为草图面，应用"样条线"命令，描绘投影至平面 1 轮廓，并设置最上面控制点与草图 2（图 6-3-18 中曲线最右控制点）控制点"约束" ⬚ "相合"，最下面控制点与 yz 平面"相合"，完成的草图效果如图 6-3-27 所示。

如图 6-3-28 所示，双击最上端、最下端控制点，勾选"相切"选项，并设置与水平线相切平行，完成后退出草图 6。

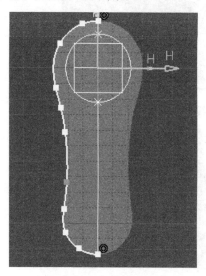

图 6-3-27　绘制草图 3

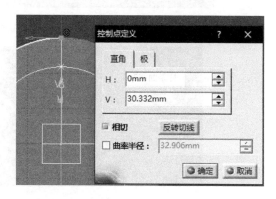

图 6-3-28　切线平行

Step17：光顺曲线 1

进入"创成式外形设计"工作台，单击"接合"命令下黑三角按钮 ，选择"曲线光顺" 命令，选择草图 6 对其曲线进行曲线光顺，如图 6-3-29 所示。

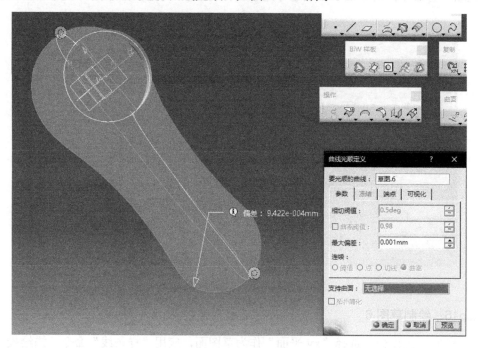

图 6-3-29　光顺曲线

Step18：组合投影

单击"投影"命令下黑三角按钮 ，选择"混合" 命令，曲线选择及对话框设置如图 6-3-30 所示。

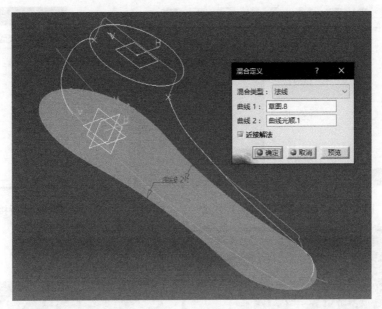

图 6-3-30 组合投影

Step19：拉伸辅助面 1

选择"拉伸"命令 ，对光顺曲线进行拉伸建立辅助面 1，拉伸"方向"为 X 部件，"限制 1"中尺寸设置为 10mm，"限制 2"中尺寸设置为 0mm。

"拉伸"混合 1 建立辅助面 2，拉伸"方向"为 Z 部件，"限制 1"中尺寸设置为 0mm，"限制 2"中尺寸设置为 10mm，如图 6-3-31 所示。

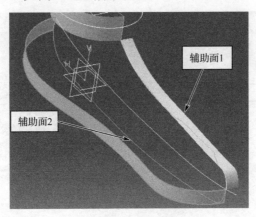

图 6-3-31 拉伸辅助面

Step20：桥接创建曲面 1

下面需要使用"桥接"来创建曲面。先把工作模式切换到"自由曲面"。切换操作如图 6-3-32

所示，选择"开始"→"形状"→"自由曲面"命令。

单击"桥接" 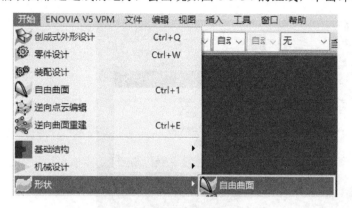 命令，出现如图 6-3-33 所示"桥接曲面"对话框，此时将鼠标放在新建辅助面靠近边线的地方，会出现如图 6-3-34 的红线，单击即可，出现如图 6-3-35 所示预览图。

图 6-3-32　切换"自由曲面"方式

图 6-3-33　"桥接曲面"对话框

鼠标放置位置（红色线）

图 6-3-34　鼠标放置在箭头处

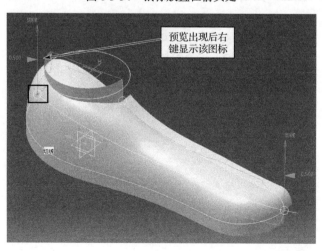

预览出现后右键显示该图标

图 6-3-35　预览图

此时鼠标放在图 6-3-35 图中 位置，单击右键，在弹出的快捷菜单中单击"编辑"命令，出现如图 6-3-36 所示"调谐器"对话框，在"参数"栏中输入 0.35，如图 6-3-37 所示，按"回车"键后单击"关闭"按钮。

如图 6-3-38 所示，移动鼠标到结构树上美容仪点云处 ，单击右键出现快捷菜单，选择"显示/隐藏"命令 [图 隐藏/显示]，调出点云，查看点云与桥接面的贴合度，如图 6-3-39 所示。

图 6-3-36 "调谐器"对话框

图 6-3-37 输入参数

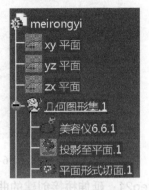

图 6-3-38 结构树

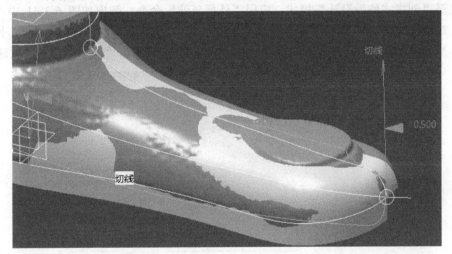

图 6-3-39 调整前的曲面相对点云的贴合度

温馨提示

调出点云有利于对比点云和曲面的贴合度，能看见大块点云说明点云包裹住了曲面；能看见大块曲面说明此处曲面包裹住了点云，最佳情况是点云和曲面交错出现。

对照点云拖动桥接张度 ，调整曲面至贴合，调整后如图 6-3-40 所示，桥接曲面更贴合点云。单击"桥接"对话框中"确定"按钮完成曲面创建。

移动鼠标到结构树上美容仪点云处 美容仪6.6.1，单击右键出现快捷菜单，选择"显示/隐藏"命令 [图 隐藏/显示] 隐藏点云。

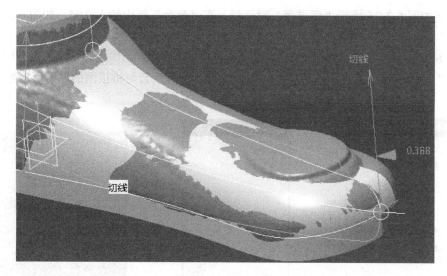

图 6-3-40　调整后的曲面相对点云的贴合度

Step21：延伸桥接创建的曲面 1

切换至"创成式外形设计"模式，应用"外插延伸"命令，弹出如图 6-3-41 中"外插延伸定义"对话框。"边界"选择要延伸的曲面 1 的边线，"外插延伸的"选择曲面 1，长度设置为 6mm，"连续"选择"曲率"，"端点"选择"切线"，然后单击"确定"按钮完成延伸。

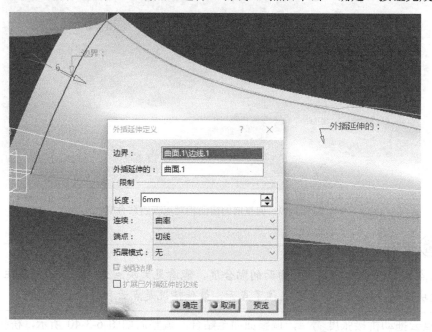

图 6-3-41　"外插延伸定义"对话框

Step22：绘制草图 7

进入草图 工作台，选择"xy 平面"为草图面，绘制直线，对其进行水平"约束" ，并与草图 1 中圆相切，草图 7——直线效果如图 6-3-42 所示。

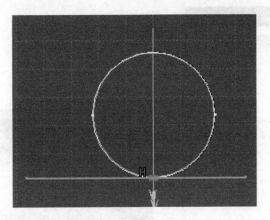

图 6-3-42 草图 7——直线

Step23：拉伸草图 7

"拉伸" 直线，方向为默认（草图法线），"限制 1"尺寸设置为 40mm，"限制 2"尺寸设置为 0mm，单击"确定"按钮，如图 6-3-43 所示。

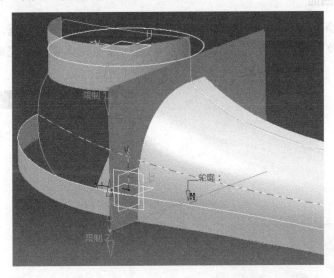

图 6-3-43 拉伸直线至高于曲面顶部

Step24：分割

选择"分割"命令 ，弹出如图 6-3-44 所示"定义分割"对话框。"要切除的元素"选择外插延伸 1，"切除元素"选择由直线拉伸的平面，单击"确定"按钮完成分割。分割后结果如图 6-3-45 所示，将不需要的草图 7 和其拉伸面隐藏。

Step25：拉伸辅助面 3

如图 6-3-46 所示，"拉伸" 草图 2 中分割后的曲线，建立辅助面 3，方向 X 部件，"限制 1"尺寸设置为 5mm，"限制 2"尺寸设置为 0mm，单击"确定"按钮完成辅助面 3 创建。

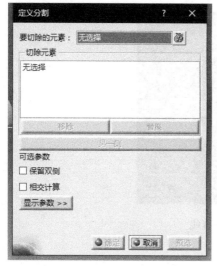

图 6-3-44 "定义分割"对话框

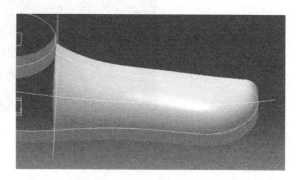

图 6-3-45 分割后的曲面效果

Step26：填充曲面

选择"填充"命令，弹出如图 6-3-47 所示"填充曲面定义"对话框。"边界"选择空缺部分的边线，"偏差"设置为 0.05mm，单击"确定"按钮完成填充。完成填充后曲面效果如图 6-3-48 所示。

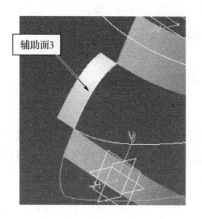

图 6-3-46 拉伸辅助面 3

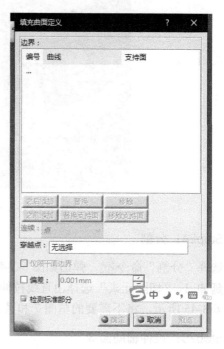

图 6-3-47 "填充曲面定义"对话框

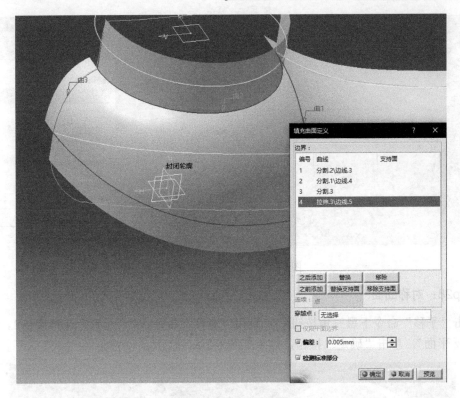

图 6-3-48 填充后曲面效果

Step27：缝合曲面

调用"接合"命令 ，弹出如图 6-3-49 所示"接合定义"对话框，"要接合的元素"选择填充的曲面和分割后的曲面，"合并距离"设置为 0.005mm，单击"确定"按钮完成接合。完成接合后曲面效果如图 6-3-50 所示。

图 6-3-49 "接合定义"对话框

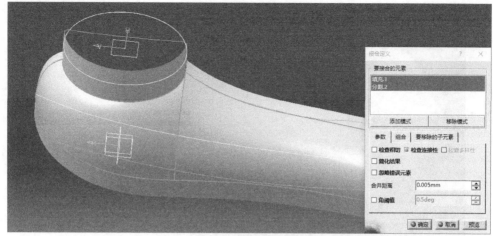

图 6-3-50　接合后曲面效果

Step28：对称曲面

单击"平移"命令下黑三角按钮，调用"对称"命令，"元素"选择接合1，"参考"选择"yz 平面"，单击"确定"按钮，结果如图 6-3-51 所示。

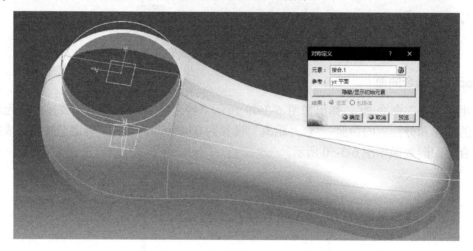

图 6-3-51　对称曲面后效果图

Step29：接合曲面

将三个辅助面隐藏，调用"接合"命令将接合1与对称1接合，"合并距离"设置为 0.005mm，接合上半部分造型后效果如图 6-3-52 所示。

到这里就完成了美容仪上半部分的曲面构造。

Step30：插入几何图形集

为了使美容仪上半部分曲面与下半部分曲面数据分开管理，插入几何图形集3，将插入的几何图形集3定义为工作对象。

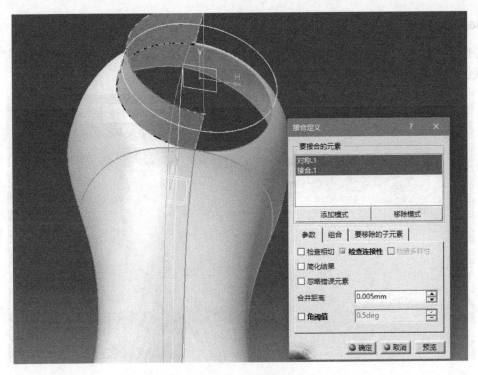

图 6-3-52　接合上半部分造型

Step31：斜率分割

切换至"逆向曲面重建"模块，单击"曲率分割"命令下黑三角按钮◯，调用"斜率分割"命令⬚，弹出"以斜度分隔部分"对话框，如图 6-3-53 所示。选择美容仪点云底面部分，"角度"输入 78，单击"确定"按钮，完成曲率分割。

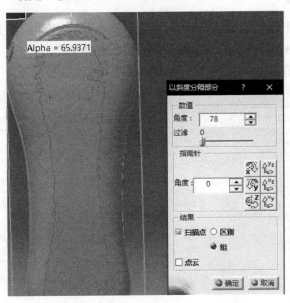

图 6-3-53　"以斜度分隔部分"对话框

Step32：用 3D 曲线描绘轮廓特征

选择"正视于"命令 ⬚ 将视角摆正，调用"3D 曲线" ⬚ 命令，对"斜率分割"后出现的蓝色"曲率线"进行描边，如图 6-3-54 所示。

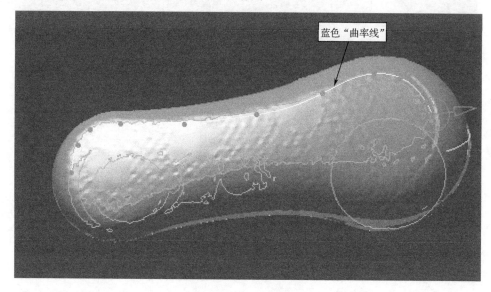

图 6-3-54　3D 曲线描线

Step33：对称曲线

单击"平移"命令下黑三角按钮 ⬚，选择"对称" ⬚ 命令，"元素"选择 Step32 步创建的 3D 曲线，"参考"选择 yz 平面，创建对称曲线。

Step34：桥接曲线

切换至"自由曲面"模块，选择"桥接曲线"命令 ⬚，将两曲线上下端曲率不连续的部分连接上。以上端为例，单击"桥接曲线"命令后，选择如图 6-3-55 中箭头所指位置，单击"确定"按钮，生成桥接效果如图 6-3-56 所示线框，下端方法相同。

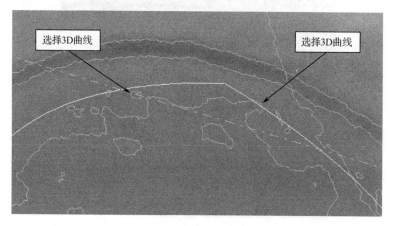

图 6-3-55　建立桥接曲线

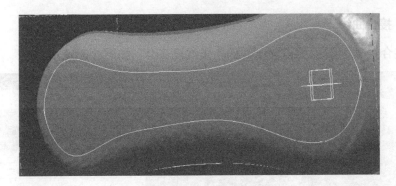

图 6-3-56　桥接效果

Step35：修剪曲线

由图 6-3-56 可以看出，两端有多余边线需要修剪，所以切换至"创成式外形设计"模式，使用"分割"命令 对其修剪，分割设置如图 6-3-57 所示。"要切除的元素"选择 3D 曲线 1，"切除元素"选择建立的两条桥接曲线曲线 1、曲线 2，保留中间段，单击"确定"按钮。另一侧也用此方法修剪，完成修剪后效果如图 6-3-58 所示。

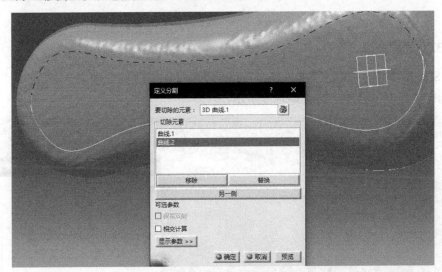

图 6-3-57　分割设置

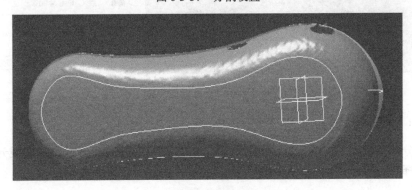

图 6-3-58　修剪结果

Step36：接合曲线

使用"接合"命令 ，将前面所做的 4 条线段接合，如图 6-3-59 所示。

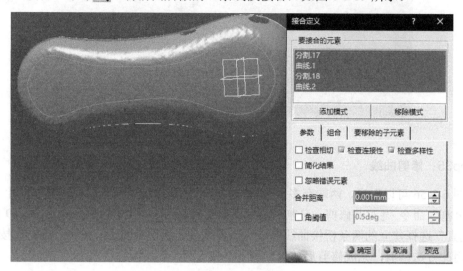

图 6-3-59 接合设置

Step37：光顺曲线

光顺 Step36 步接合曲线，单击"接合"命令下黑三角按钮 ，调用"光顺曲线"命令 ，"连续"选择"曲率"选项，如图 6-3-60 所示。

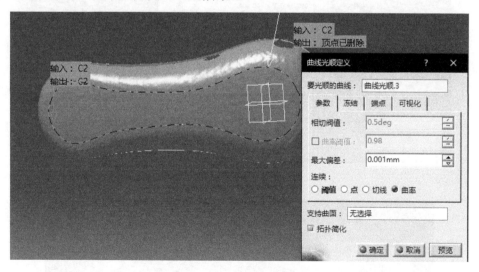

图 6-3-60 光顺曲线设置

Step38：分割曲线

选择"分割"命令 ，将上一步曲线光顺分割，"要切除的元素"选择曲线光顺 3，"切除元素"选择"yz 平面"，如图 6-3-61 所示，单击"确定"按钮完成设置。

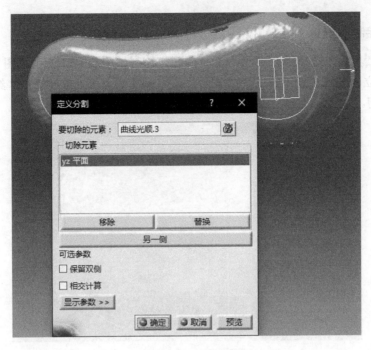

图 6-3-61 分割曲线

Step39：拉伸辅助面 4

"拉伸" 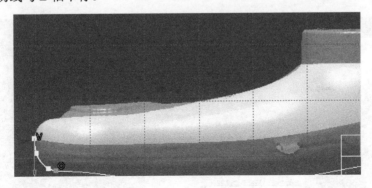上一步曲线建立辅助面 4，方向为 X 部件，限制 1 尺寸设置为 10mm，限制 2 尺寸设置为 0mm。

Step40：绘制草图 8

进入草图界面，选择"yz 平面"作为草图面，绘制如图 6-3-62 所示草图，右侧控制点与上一步所建立的曲线控制点"约束"重合，双击最左侧控制点，勾选"相切"选项，"约束"控制点切线与 Z 轴平行。

图 6-3-62 绘制草图 8

Step41：拉伸辅助面 5

"拉伸"上一步所做草图 8 建立辅助面 5，方向为默认（草图法线），限制 1 尺寸设置为 10mm，限制 2 尺寸设置为 0mm。

Step42：绘制草图 9

进入草图 界面，选择"yz 平面"为草图面，绘制如图 6-3-63 所示草图 9，最左侧控制点与草图 2 建立的曲线端点"约束" 重合，最右侧控制点与上方控制点"约束"重合，并使两条曲线相切。

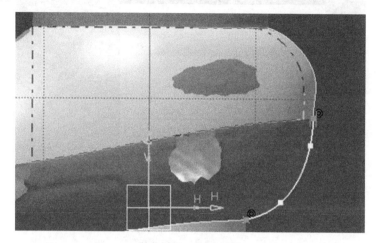

图 6-3-63　绘制草图

Step43：拉伸辅助面 6

"拉伸" 上一步所做草图建立辅助面 6，方向为默认（草图法线），"限制 1"尺寸设置为 10mm，"限制 2"尺寸设置为 0mm。

Step44：提取边界

调用"边界"命令 ，"拓展类型"选择"点连续"，"曲面边线"选择接合完成的上半部分曲面边线，限制 1、限制 2 选择之前拉伸面的两个顶点，如图 6-3-64 所示，单击"确定"按钮完成创建。

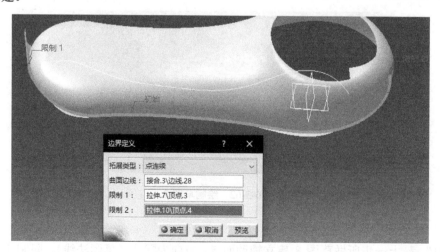

图 6-3-64　提取边界

Step45：光顺曲线

光顺 Step44 步中提取的边界线，单击"接合"命令下黑三角按钮 ，调用"光顺曲线"命令 ，"连续"选择曲率。

Step46：拉伸辅助面 7

"拉伸" 上一步光顺曲线建立辅助面 7，方向为 Z 部件，"限制 1"尺寸设置为 10mm，"限制 2"尺寸设置为 0mm。4 个辅助面如图 6-3-65 所示。

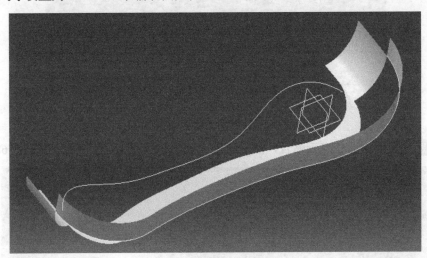

图 6-3-65　4 个辅助面

Step47：桥接曲面

切换至"自由曲面"模块，选择"桥接"命令 ，选择如图 6-3-66 所示位置，此时会跳出一个错误，单击"桥接曲面"对话框中"确定"按钮。

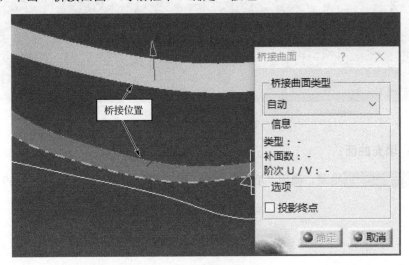

图 6-3-66　桥接选择位置

单击右键，出现如图 6-3-67 所示的四个点；按图中数值设置即可。

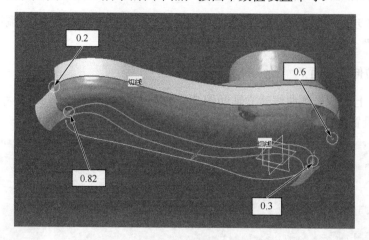

图 6-3-67　数值设置

拖动 [　　　] 使曲面和点云贴合，然后单击"确定"按钮，曲面完成如图 6-3-68 所示。

图 6-3-68　曲面完成

Step48：填充曲面：

将点云 [美容仪6.6.1] 隐藏，调用"填充"命令，填充剩余空缺，分别如图 6-3-69 和图 6-3-70 所示。

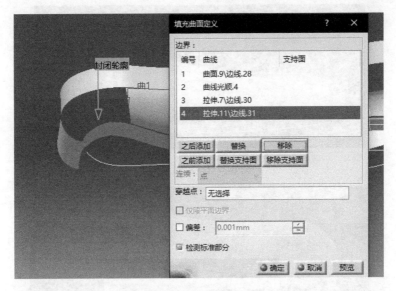

图 6-3-69 填充左侧曲面定义

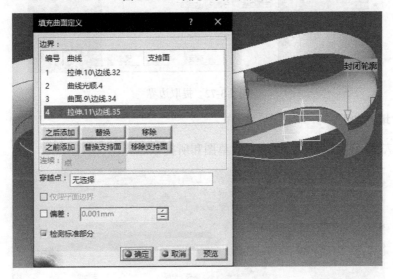

图 6-3-70 填充右侧曲面定义

Step49：接合曲面

"接合" Step48 中填充曲面及其左侧边界曲面。

Step50：绘制草图 10

进入草图工作台，绘制如图 6-3-71 所示草图，两侧控制点与 Step49 创建的接合曲面两侧顶点约束相合。

Step51：提取边界

调用"边界"命令，"拓展类型"选择点连续，"曲面边线"选择接合完成的上半部分，限制 1 和限制 2 分别选择图 6-3-72 所示的草图两端控制点，然后单击"确定"按钮，完成提取。

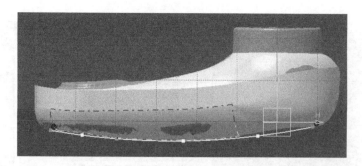

图 6-3-71　绘制草图

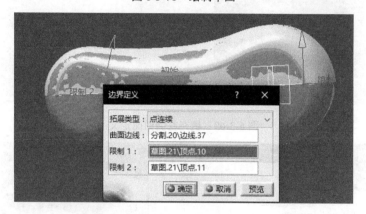

图 6-3-72　提取边界

Step52：填充曲面

如图 6-3-73 所示，"填充" 绘制的草图和所提取边界。

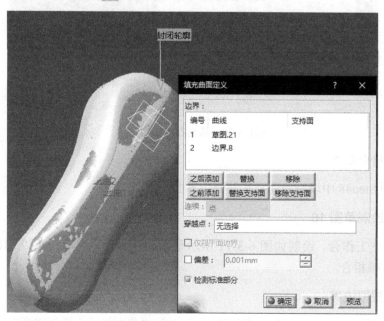

图 6-3-73　填充曲面

Step53：接合曲面

"接合" ■侧面和底面，如图 6-3-74 所示。

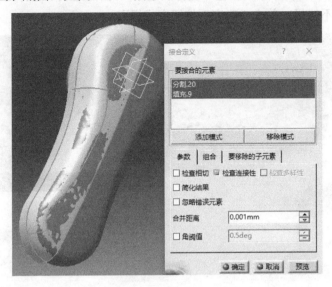

图 6-3-74　接合左半部分

Step54：对称曲面

单击"平移"命令下黑三角按钮 ，选择"对称" 命令，"元素"选择上一步接合的曲面，"参考"选择 yz 平面，单击"确定"按钮完成对称。

Step55：接合曲面

"接合" ■对称面和结合面，完成曲面的建模，如图 6-3-75 所示。

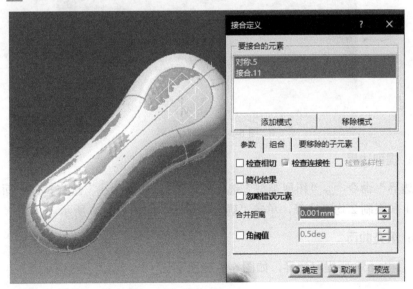

图 6-3-75　接合整体

Step56：提取边界

选择"边界"命令 ∩，"拓展类型"选择点连续，"曲面边线"选择图 6-3-76 所示部分，限制 1 和限制 2 均不选择，单击"确定"按钮完成提取。

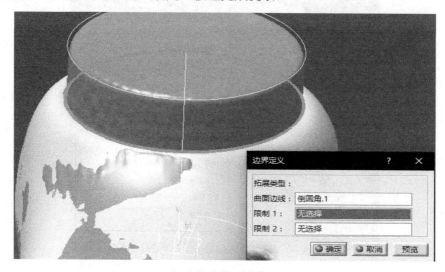

图 6-3-76　提取边界

Step57：拉伸曲面

"拉伸" 上一步提取的边界，"方向"为 Z 部件，距离拖动到顶面，如图 6-3-77 所示。

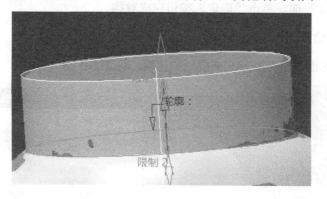

图 6-3-77　拉伸边界

Step58：提取边界

调用"边界"命令 ∩，"拓展类型"选择点连续，"曲面边线"选择拉伸曲面的上半部分边线，限制 1 和限制 2 均不选择，单击"确定"按钮，如图 6-3-78 所示。

Step59：填充曲面

"填充" Step58 所提取边界，如图 6-3-79 所示。

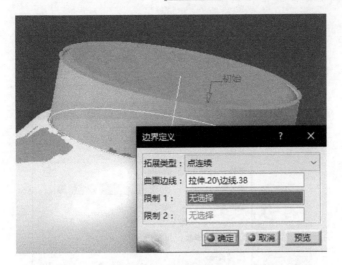

图 6-3-78 提取边界

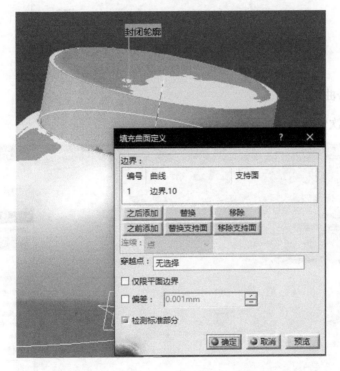

图 6-3-79 填充边界

Step60：接合曲面 8

"接合" 上两步拉伸和填充的面。

Step61：倒圆角

单击"简单圆角"命令下黑三角按钮，选择"倒圆角"命令，弹出"倒圆角定义"对话框，如图 6-3-80 所示。"支持面"选择上一步所做的接合 8，"端点"选择光顺，"半径"设置为 0.5mm，"要圆角化的对象"使用默认值。

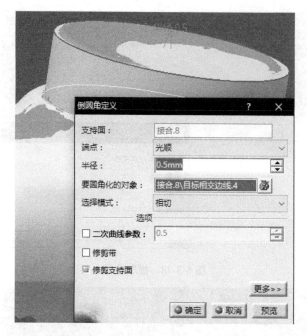

图 6-3-80 "倒圆角定义"对话框

Step62：接合曲面 9

"接合" 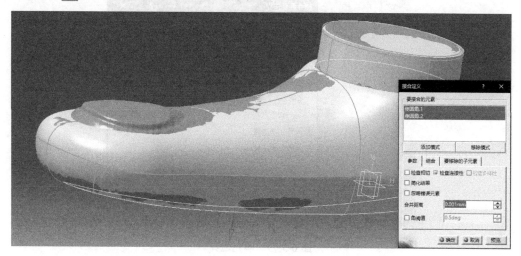 两次倒圆角，如图 6-3-81 所示。

图 6-3-81 接合整体

Step63：绘制草图 11

显示点云 美容仪6.6.1，进入草图 工作台，选择"xy 平面"为草图面，根据点云描线，绘制如图 6-3-82 所示控制器部分曲线，约束 关于 yz 平面对称。

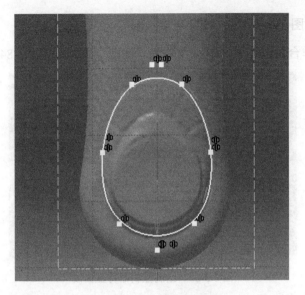

图 6-3-82　绘制控制器轮廓

Step64：光顺曲线

光顺 Step63 绘制草图 11 的控制部分轮廓线，单击"接合"命令下黑三角按钮 ，选择"光顺曲线"命令 ，"连续"选择曲率，如图 6-3-83 所示。

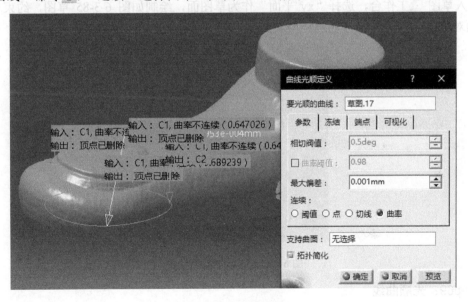

图 6-3-83　光顺曲线

Step65：拉伸曲面

"拉伸" 上一步光顺曲线，"方向"选择 Z 部件，"限制 1"尺寸设置为 18mm，"限制 2"尺寸设置为 0mm。

Step66：绘制草图 12

进入草图 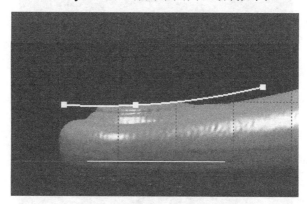工作台，选择"yz 平面"作为草图面，绘制如图 6-3-84 所示草图。

图 6-3-84　绘制控制器特征曲线

Step67：拉伸

"拉伸" 草图 12，"方向"选择 X 部件，"限制 1"尺寸设置为 10mm，勾选镜像范围。

Step68：绘制草图 13

进入草图 工作台，选择"xy 平面"作为草图面，绘制如图 6-3-85 草图，约束 关于
yz 平面对称。

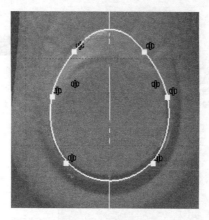

图 6-3-85　绘制控制器轮廓

Step69：光顺曲线

光顺 Step68 绘制草图 13 的控制器部分轮廓线，单击"接合"命令下黑三角按钮 ，调
用"光顺曲线"命令 ，如图 6-3-86 所示，"连续"选择曲率，单击"确定"按钮完成光顺。

Step70：拉伸曲面

"拉伸" 上一步光顺曲线，"方向"选择 Z 部件，"限制 1"尺寸设置为 18mm，"限制 2"
尺寸设置为 0mm。

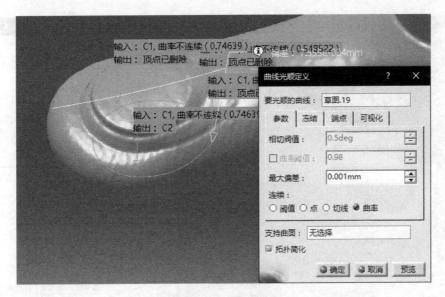

图 6-3-86 光顺曲线

Step71：修剪曲面

选择"修剪"命令 ，"要切除的元素"选择接合后的整体，"切除元素"选择较大的轮廓，如图 6-3-87 所示。

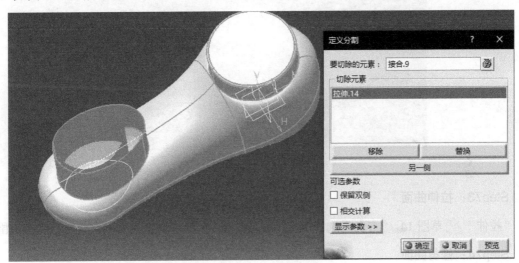

图 6-3-87 分割整体

单击"分割"命令下黑三角按钮 ，选择"修剪"命令 ，"修剪"是两个元素互相分割，"修剪元素"选择拉伸的特征曲线和轮廓，如图 6-3-88 所示。

Step72：绘制草图 14

进入草图 工作台，选择"yz 平面"草图面，绘制如图 6-3-89 所示草图。

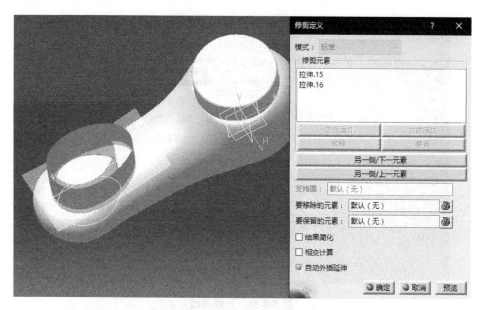

图 6-3-88 "修剪定义"对话框

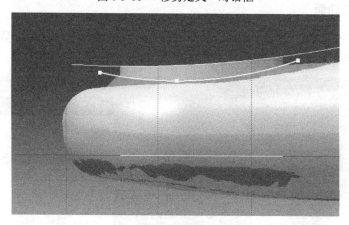

图 6-3-89 绘制特征曲线

Step73：拉伸曲面

"拉伸" 草图 14，"方向"选择 X 部件，"限制 1"尺寸设置为 10mm，勾选镜像范围。

Step74：修剪曲面

调用"修剪" 命令，如图 6-3-90 所示，"要切除的元素"选择修剪后的控制器凸台，"切除元素"选择图 6-3-89 中特征曲线拉伸出的曲面，单击"确定"按钮完成修剪。

Step75：创建点 3

调用"点" 命令，"点类型"选择在曲线上，"曲线"选择如图 6-3-91 所示的曲线，点选最上端控制点，单击"确定"按钮，新建一个如图 6-3-91 所示的点。

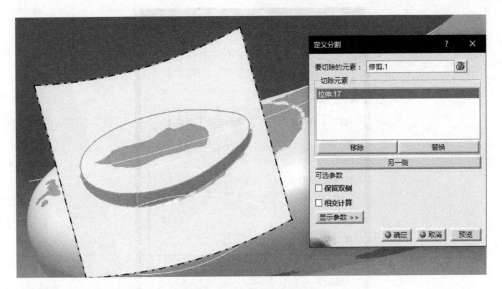

图 6-3-90　分割控制器凸台

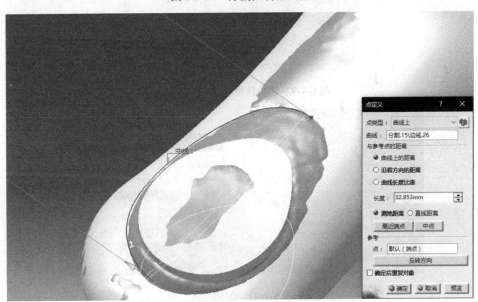

图 6-3-91　新建点用于按钮部分曲面的构造

Step76：桥接曲面

选择"桥接"命令 ，弹出如图 6-3-92 所示的"桥接曲面定义"对话框。右键"第一曲线"框，选择"创建边界" 创建边界，如图 6-3-93 所示。右键"第二曲线"框，选择"创建边界" 创建边界，如图 6-3-94 所示。

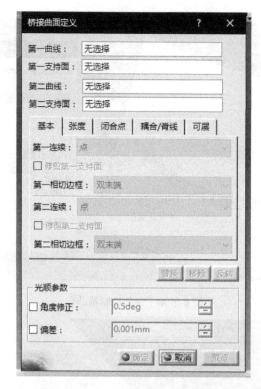

图 6-3-92 "桥接曲面定义"对话框

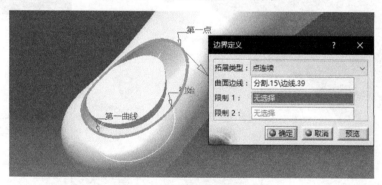

图 6-3-93 创建边界

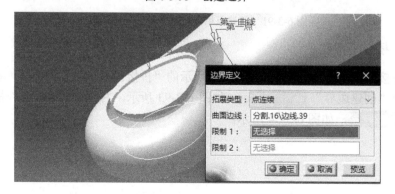

图 6-3-94 创建边界

选择"闭合点"选项页，如图 6-3-95 所示。

图 6-3-95　"闭合点"选项页

"第一闭合点"设置为端点 1，"第二闭合点"设置为新创建的点 4，如图 6-3-96 所示，完成创建后如图 6-3-97 所示。

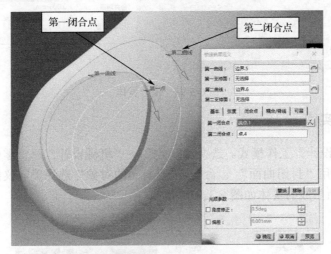

图 6-3-96　选择闭合点

图 6-3-97　完成创建

Step77：接合曲面

选择"接合"命令 ，美容仪整体接合，如图 6-3-98 所示。

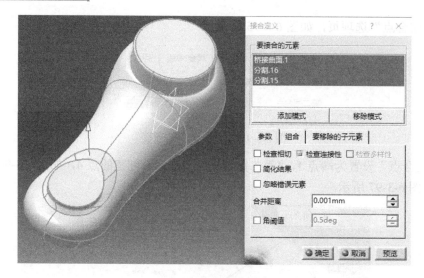

图 6-3-98　接合整体

6.3.3　形成实体

切换至"零件设计"工作模式。选择"开始"→"机械设计"→"零件设计"命令，如图 6-3-99 所示。调用"封闭曲面" 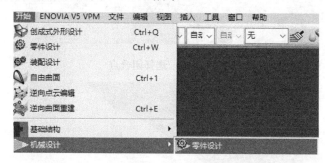 命令，"要封闭的对象"选择美容仪曲面整体接合，如图 6-3-100 所示。所生成的实体如图 6-3-101 所示。

图 6-3-99　零件设计模块

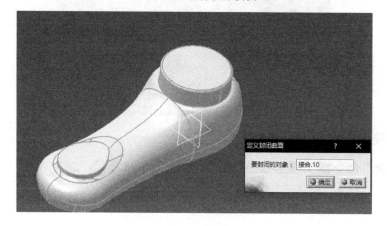

图 6-3-100　缝合实体

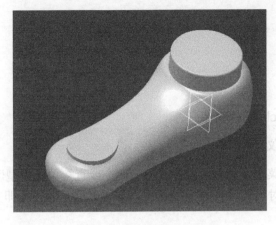

图 6-3-101　美容仪实体

6.3.4　保存文件

选择"文件"→"保存"命令或使用"Ctrl+S"组合键，输入保存文件名、保存位置和保存格式。

任务 6.4　美容仪模型 3D 打印

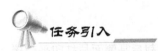

在任务 6.1 节中完成了美容仪扫描，在任务 6.2 节中完成了美容仪数据处理，在任务 6.3 节中完成了美容仪 CAD 模型重构，获得了美容仪的三维数字模型。本次的任务：根据美容仪三维数字模型，使用奇迹三维的 Miracle H2 打印机（FDM），完成美容仪 3D 打印。

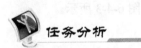

按照 3D 打印的一般流程，先对美容仪进行切片处理，生成打印机能执行的 G-code 代码文件，使用 SD 卡导入打印机，按打印机操作程序，调用打印文件执行就可以完成美容仪 3D 打印，打印完成后对模型进行后处理。

完成本次任务可达以下 4 个目的：

（1）掌握 3D 打印一般流程；

（2）熟练掌握 Miracle H2 打印机的操作；

（3）掌握 FDM 打印技术参数设置与调整；

（4）掌握 FDM 打印技术后处理。

任务实施

6.4.1 模型切片

【Step1】打开 Miracle 切片软件

【Step2】导入美容仪模型

打开"文件"下拉菜单，选择"打开模型"命令或直接单击模型区域"打开"图标 ，弹出"打开 3D 模型"对话框，选择模型路径，单击"打开"按钮即完成模型加载，结果如图 6-4-1 所示。

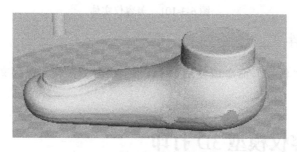

图 6-4-1　美容仪模型加载结果

【Step3】旋转美容仪

如图 6-4-1 所示，由于美容仪坐标系与打印坐标系不重叠，模型加载后是侧面与打印平台接触，如果按此位置打印，侧面是斜面，需要打印支撑，影响表面质量。需要对模型进行旋转。

移动鼠标到美容仪模型上，弹出旋转浮动工具条如图 6-4-2 所示，单击"旋转"图标 ，拖动圆圈进行旋转，底面接近并与平台平行。

单击图 6-4-2 中 工具，美容仪底面自动与平台重合，旋转结果如图 6-4-3 所示。

图 6-4-2　旋转浮动工具栏

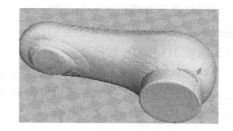

图 6-4-3　旋转结果

【Step4】放置部件在平台中心

对美容仪模型又是旋转又是拖动，模型位置已经不能确定，如图 6-4-3 所示，移动鼠标到模型上，单击鼠标右键弹出快捷菜单，选择"平台中心"，美容仪自动摆放在平台中心。

【Step5】设置打印参数

一般来说，对于简单模型，默认其基本参数就行。对于复杂模型或对打印精度和时间有要求的模型，需要对主要打印参数进行简单的修改。美容仪模型小，精度要求高，我们把层高设置成 0.1mm，其他打印参数设置如图 6-4-4 所示。

【Step6】分层切片处理

在模型窗口的左上角有如图 5-1-17 所示的工具条。

单击"切片"图标，开始切片分层处理，处理完成后，在工具条下方会显示打印时间及所用材料，完成切片后，如图 6-4-5 所示，"美容仪"打印时间为 13 小时 27 分钟，用料 27.19 米 81 克。

切片完成后，单击 layers 图标查看仿真效果图，如图 6-4-6 所示。观察结束后，可以单击 SD 图标进行"保存"设置，即完成 G-code 代码保存。

图 6-4-5 美容仪加工时间

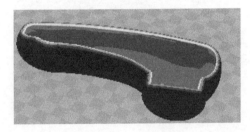

图 6-4-4 美容仪打印参数设置

图 6-4-6 仿真放果图

退出 SD 卡，插入到打印机 SD 读卡器上。

6.4.2 打印操作

【Step1】开机

打印机接入电源后，按下打印机开关，即可启动打开打印机。

【Step2】调用打印程序

（1）在打印机开机屏幕上单击"打印"按钮，屏幕显示切换到打印程序调用操作界面，按上下箭头，光标会移动到"美容仪"程序处；单击该程序进入打印机操作界面。

（2）单击 按钮进入打印进程操作界面；开始实施打印。

【Step3】后处理

模型打印完成。用小铲刀取下模型。本案例中模型有支撑，需要简单去除支撑。

参 考 文 献

[1] Lee J. S., Sun Y. N., Chen C. H.. Multiscale corner detection by using wavelet transform[J]. IEEE Trans.on Image Proc, 1995,4(1):100-104.

[2] FREEMAN H., DAVIS L. S.. A corner finding algorithm for chain-coded curves[J]. IEEE Transaction on Computers,1977,C-26(3):297-303.

[3] L. G. Roberts. Machine Perception of Three-Dimension Solids. Optical and Electro-Optimal Information Processing, J.t.Tippett, et al, Ed. Cambridge, MA: MIT Press, 1965:99-159-197.

[4] L. Sobel. Camera Models and Machine Perception[D], Stanford University, Stanford, CA, 1970.

[5] Canny. A Computational Approach to Edge Detection.IEEE Trans. PAMI, Vol. PAMI8,1986.

[6] MORAVEC H. P.. Towards automatic visual obstacle avoidance[C]. Proceedings ofInternational Joint Conference on Artificial Intelligence, Cambridge, MA, USA,1977:584-590.

[7] HARRIS C, STEPHENS M.. A combined corner and edge detector[C]. Proceedings of the Fourth Alvey Vision Conference, Manchester, UK,1998:147-151.

[8] SMITH S. M., BRADY M.. SUSAN a new approach to low level image processing [J].International Journal of Computer Version, 1997,23(1):45-78.

[9] D. G. Lowe. Distinctive Image Features from Scale-Invariant Key points , Intl. J. of Computer Vision, 2004.Vol. 60(2):91-110.

[10] 钟春华. 基于 3D 扫描的质量检测与应用[D]，南昌大学硕士论文，2006.

[11] 陶立. 彩色三维激光扫描测量系统关键技术研究[D]，天津大学硕士论文，2005.

[12] 白成军. 三维激光扫描技术在古建筑测绘中的应用及相关问题研究[D]，天津大学硕士论文，2007.

[13] 杨飞宇. 基于结果光的人体三维扫描关键技术研究[D]，长春理工大学硕士论文，2013.

[14] Boguslaw Cyganek, J. Paul Siebert. An Introduction to 3D Computer Vision Techniques and Algorithms [M]. John Wiley & Sons, Ltd. 2009.

[15] 张广军. 视觉测量[M]. 北京：科学出版社，2008.